吉林省农业科技创新与
成果转化研究

滕奎秀　杨兴龙　著

中国农业出版社

北　京

图书在版编目（CIP）数据

吉林省农业科技创新与成果转化研究/滕奎秀，杨兴龙著 . —北京：中国农业出版社，2021.4
ISBN 978-7-109-28009-0

Ⅰ. ①吉⋯　Ⅱ. ①滕⋯ ②杨⋯　Ⅲ. ①农业技术－技术革新－研究－吉林②农业技术－科技成果－成果转化－研究－吉林　Ⅳ. ①F327.34

中国版本图书馆 CIP 数据核字（2021）第 041243 号

中国农业出版社出版

地址：北京市朝阳区麦子店街 18 号楼
邮编：100125
责任编辑：刘明昌
版式设计：杜　然　责任校对：周丽芳
印刷：北京中兴印刷有限公司
版次：2021 年 4 月第 1 版
印次：2021 年 4 月北京第 1 次印刷
发行：新华书店北京发行所
开本：720mm×960mm　1/16
印张：13
字数：248 千字
定价：52.00 元

本研究得到以下基金资助与支持

教育部人文社会科学规划基金项目

供给侧改革背景下农业龙头企业技术创新的激励机制研究

（编号：16YJA790057）

吉林省科技厅软科学研究项目

深化农业供给侧改革，构建我省农业科技创新体系研究

（编号：20180418007FG）

吉林省教育厅"十三五"社会科学研究重点项目

吉林省农产品加工企业创新驱动发展路径研究

（编号：吉教科文合字〔2016〕第138号）

吉林农业大学粮食主产区农村经济研究中心出版基金

吉林省农村经济研究基地出版基金

前　言

2020年7月，习近平总书记在吉林省视察时强调，"农业现代化，关键是农业科技现代化，要加强农业与科技融合，加强农业科技创新，科研人员要把论文写在大地上，让农民用最好的技术种出最好的粮食"。这充分说明，农业科技在新时代农业发展中的重要地位，农业科技创新及其成果转化在农业现代化中的重要作用。科技创新作为第一动力，是建设农业现代化的战略支撑，而推动农业科技创新、实现农业现代化，是乡村振兴的必由之路。在乡村振兴视域下，农业科技创新将新型的农业科技发明和科研成果运用到农业生产实践中，进而不断提高农业生产效率和生产力水平，带动农村产业发展，促进农业向现代化转型。

众所周知，吉林省是农业大省，也是国家粮食主产区和重要的商品粮基地，拥有丰富的农业发展资源和较强的农业科技创新实力，为保障国家粮食安全做出了巨大贡献。但也必须看到，当前吉林省农业科技创新能力与农业农村发展需求不相适应的问题还没有根本解决，农业科技源头创新能力不足，与其创新主体地位不相适应，农业科技成果转化率不高，产学研深度结合的长效机制亟待建立。吉林省能否在全国率先实现农业现代化，关键在于能否率先实现农业科技的现代化。在这种背景下，对吉林省的农业科技创新问题进行深入研究，不仅具有代表性，而且具有重要的现实意义。

本书以吉林省作为研究对象，系统研究农业科技创新与成果转化问题。尽管前人对吉林省的农业科技创新或成果转化问题进行了一定研究，但与前人研究相比，本书的主要研究特色体现在以下三个方面：一是从研究视角看，前人只是对吉林省农业科技创新或成果转化的某一方面进行了研究，而且不够细致，本书从农业科技创新的不同主体（涉农高校与科研院所、农产品加工企业、农业科技园区、新型农业科技服务组织）出发，对吉林省农业科技创新能力、科技创新模式、科技成果转化、农业技术推广等内容进行了全面、系统而深入的分析；二是在研究方法上，前人采用定性分析较多，本书将定性分析与定量分析相结合，将实证分析与规范分析相结合，使研究结论更客观，更具有针对性；三是研究结论与建议方面，本书根据实证分析结论，结合各创新主体存在的问题，借鉴国外农业科技创新与成果转化的经验，提出促进吉林省农业科技创新与成果转化的对策建议，并探讨构建了"四位一体"的吉林省现代农业科技创新体系。本书的研究目的旨在推动吉林省尽快形成创新要素优化配置、创新效率显著提升、创新成果快速转化的农业科技创新格局，进一步促进吉林省农业科技创新能力和成果转化水平的提高，为吉林省率先实现农业现代化提供参考。

本书是在教育部人文社科规划基金项目"供给侧改革背景下农业龙头企业技术创新的激励机制研究（编号：16YJA790057）"、吉林省科技厅软科学项目"深化农业供给侧改革，构建我省农业科技创新体系研究（编号：20180418007FG）"和吉林省教育厅"十三五"社会科学研究重点项目"吉林省农产品加工企业创新驱动发展路径研究（编号：吉教科文合字〔2016〕第138号）"等研究成果的基础上整合而成，形成新的体系，即本书的内容。

本书在课题调研、资料搜集、数据分析等方面，得到了许多专家、领导、老师和同学们的大力支持与帮助。他们分别是，吉林省科技厅农村处付大冶处长、高建波副处长，吉林省农业产业化办公室郑德民主任、许彩丽女士，课题团队成员孙世勋老师、梁明辉老师、李雪松老师等，我们的研究生张弛、刘建波、刘俊锋、关凤、温晗、梁胜、刘争争、马跃、汤才露、吕自然、刘梦梦、袁悦、孔月等。在此一并表示感谢。

本书能够顺利出版，离不开吉林省农村经济研究基地和吉林农业大学粮食主产区农村经济研究中心出版基金的大力支持，离不开中国农业出版社的大力支持及提出的宝贵建议，在本书即将付梓之际，特此表达谢意。

由于作者水平有限，书中错误和疏漏在所难免，敬请读者批评指正。

滕奎秀　杨兴龙

2020 年 12 月于长春

目　录

第 1 章
创新理论与文献回顾

　　创新是一个民族进步的灵魂，是时代发展的关键，是一个国家经济增长和企业发展的动力源泉。2015 年，习近平总书记在党的十八届五中全会上提出的创新、协调、绿色、开放、共享"五大发展理念"，把创新提到首要位置，指明了我国发展的方向和要求，代表了当今世界发展潮流。创新，尤其是科技创新已成为世界主题、世界潮流、世界趋势。

　　2020 年 7 月，习近平总书记在吉林省视察时强调，"农业现代化，关键是农业科技现代化，要加强农业与科技融合，加强农业科技创新"。这充分说明，农业科技创新在农业现代化中的重要作用。本书以我国的农业大省——吉林省为研究对象，对农业科技创新及成果转化进行深入分析，以期为提高吉林省农业科技创新能力及成果转化率提出建议，为实现农业现代化和乡村振兴提供参考。

1.1　创新理论

1.1.1　熊彼特创新理论

　　《经济发展理论》是约瑟夫·熊彼特（Joseph Alois Schumpeter）的成名作，也是创新理论（The Innovation Theory）的"开山作"。1912 年出版的《经济发展理论》一书，首次提出了"创新（Innovation）"的基本概念，形成了最初的创新理论。1939 年和 1942 年，熊彼特出版的《经济周期》和《资本主义、社会主义和民主》两部专著进一步丰厚夯实了创新理论，形成了以创新理论为基础的创新经济学理论体系。

　　熊彼特在 1912 年引入创新，并与发明（Invention）做出区分，这在当时是一件很不简单的事（Rogers，1995）。熊彼特认为，创新和发明是不完全一样的。一种发明，只有当它被应用于经济活动时，才能称其为创新。发明是新工具或新方法的发现，而创新是新工具或新方法的应用。熊彼特认为，创新就是要"建立一种新的生产函数"，即"生产要素的重新组合"，就是要把一种从来没有的关于生产要素和生产条件的"新组合"引进生产体系中去，以实现对生产要素或生产条件的"新组合",而这种"新组合"的目的是最大限度地获取超额利润。熊彼特的创新包括五种模式,一是引入新产品;二是采用新的生产方法;三是开辟新市场;四是获取原材料或半成品的新的供应来源;五是产生新的组织形式。

实际上,熊彼特的创新理论不仅反映在他的《经济发展理论》一书中,也不同程度地融汇于他后来的一系列成果中。其同样堪称经典的"经济周期"(Business Cycle)、"创造性破坏"(Creative Destruction)、"精英民主"(Elite Democracy)等理论,无一不是他创新理论的发展、演绎、运用和深化(代明等,2012)。

比如,熊彼特认为,利润作为"成功创新的额外奖励",不存在于静态的循环流中(Schumpeter,1934)。模仿与竞争引起价格下降,最终导致整个经济受益及所有利益的积累(Schumpeter,1939)。创新者和模仿者之间的相互作用影响经济增长,这一过程并非是线性的,而是非均匀地分布在时间轴上。当创新完全被吸收和扩散,经济才能重新恢复均衡(Carayannis,2010)。1942年出版的《资本主义、社会主义和民主》阐释了"创造性破坏",如"铁路的修建就意味着对驿路马车的否定"。新组合意味着对旧组合通过竞争而加以消灭,尽管消灭的方式不同。每一次创新,既是创造又是毁灭。"创造性破坏"理论对今天以知识经济为基础的全球经济一体化特别适用(代明等,2012)。熊彼特认为,"没有创新,就没有企业家;没有企业家的成就,就没有资本家的回报和资本主义的推动力。产业变革的环境和'过程',是唯一可以让资本主义生存的条件"(Schumpeter,1939)。企业家要实现创新,必须展现出对创新的实现力,与其是否为发现者或发明家关系不大。重要的是,企业家必须克服心理和社会的阻力,坚持运用新方法产生"新的组合"。简而言之,他们必须有领导的才能,是一群具有特定性格特征的社会人群(Sweezy,1943)。

总结起来,熊彼特提出一个用来思考经济或生产率增长及其影响因素的研究框架,即"熊彼特"范式(杨森,雷家骕,2019),他对科技创新在现代经济体系中的作用和功能进行了全面阐释。杨森、雷家骕(2019)总结认为这个范式包括以下六个主要观点:①经济或劳动生产率增长依赖利润驱动的创新。②科技创新具有"创造性破坏"效应。新的创新逐步淘汰旧的创新、技术和技能,强调再分配在经济增长过程中的重要作用。③科技创新可能是"前沿性创新"或"颠覆式创新",它会推动特定产业部门的技术前沿面外移;科技创新也可能是"模仿性创新"或"适应性创新",它会让某一企业或产业部门追赶上现有的技术前沿。两种不同形式的科技创新需要不同的政策制度推动。④科技创新是连续波动的，因此构成了科技创新"波"。市场经济本身就具有繁荣和萧条的周期性特征，经济学的中心问题不是均衡，而是结构性变化。科技创新发展历史是由重大的科技创新浪潮构成的，每一次的科技创新浪潮都伴随着新的"通用技术"在不同产业部门的扩散。⑤科技创新是"生产要素"和"生产条件"的新组合，它与生产体系紧密联系，是推进社会进步和实现产业变革的"内生因素"，即对经济结构的不断演变革新。⑥科技创新是经济发展的本质，只有通过以科技创新为核心的内生经济增长模式才能颠覆传统经济体系中"循环—流转—循环"的发展模式，打破原有均衡静态发展态势，最终实现国家和区域经济发展的"量"变到"质"变，使其走向跨越式发展的新轨道。

1.1.2　波特创新驱动理论

1990 年，哈佛大学战略管理学者迈克尔·波特（Michael E. Porter）在他的著作《国家竞争优势》中提出，创新驱动对应于经济发展的四个阶段，第一阶段是要素驱动（Factor-Driven）阶段，第二阶段是投资驱动（Investment-Driven）阶段，第三阶段是创新驱动（Innovation-Driven）阶段，第四阶段是财富驱动（Wealth-Driven）阶段，驱动特指对经济增长的推动力。四个经济发展阶段的驱动力存在着明显差异，要素驱动阶段的动力主要源于自然资源和劳动力；投资驱动阶段的主要动力是大规模的投资；创新驱动阶段的主要动力是创新能力和创新水平；财富驱动阶段的主要动力是大量的财富资本流入，与投资驱动阶段所不同的是，财富驱动阶段流入了较多的财富型产业。根据波特的观点，这四个阶段既可能是顺序进行也可能是交叉并行的。顺序进行则意味着经济发展过程依次历经要素驱动、投资驱动、创新驱动和财富驱动阶段，交叉并行是指经济发展过程可能同时受到上述四种驱动因素中的两个以上因素的驱动，且发展阶段之间并无明确界限划定，比如经济发展阶段可能同时处在要素驱动和创新驱动的发展阶段。

2012 年召开的党的十八大明确提出："科技创新是提高社会生产力和综合国力的战略支撑，必须摆在国家发展全局的核心位置。"强调要坚持走中国特色自主创新道路，实施创新驱动发展战略。国内学者对创新驱动进行了多角度的探索。刘志彪（2011）指出，创新驱动实质上是经济发展从过去单纯依赖技术的学习和模仿，转向依靠自主设计、研发和发明，以及知识的生产和创造。洪银兴（2013）认为，创新驱动的增长方式不只是解决效率问题，更重要的是依靠知识资本、人力资本和激励创新制度等实现"要素重新组合"，是科技成果在生产和商业上的应用和扩散。任保平（2013）认为，创新驱动包括产业创新、产品创新、科技创新、制度创新、战略创新、管理创新和文化创新等一系列创新活动。

2015 年 3 月，中共中央、国务院颁布了《关于深化体制机制改革加快实施创新驱动发展战略的若干意见》，指出 "创新是推动一个国家和民族向前发展的重要力量，也是推动整个人类社会向前发展的重要力量。面对全球新一轮科技革命与产业变革的重大机遇和挑战，面对经济发展新常态下的趋势变化和特点，面对实现'两个一百年'奋斗目标的历史任务和要求，必须深化体制机制改革，加快实施创新驱动发展战略"，明确提出 "激发全社会创新活力和创造潜能，提升劳动、信息、知识、技术、管理、资本的效率和效益，强化科技同经济对接、创新成果同产业对接、创新项目同现实生产力对接、研发人员创新劳动同其利益收入对接，增强科技进步对经济发展的贡献度，营造大众创业、万众创新的政策环境和制度环境"。

1.1.3 技术创新理论

从熊彼特提出创新理论至今已 100 多年，这期间，众多学者对创新问题进行了大量研究，形成了许多有特色的理论和流派，丰富了创新理论。美国经济学家罗斯托（Rostow，1961）提出了 "技术创新" 的概念，认为 "技术创新" 表现出很强的知识依赖性，无形中产生技术壁垒，成为知识密集型产业的专属产物。罗杰斯（Rogers，1962）提出了创新扩散的概念，他认为创新会跨越技术壁垒，而向外扩散。林恩（Lynn，2000）则从创新时序过程的角度定义了技术创新，它始于技术的商业潜力的认识而终于将其完全转化为商业化产品的整个行为过程。傅家骥（1998）认为 "技术创新" 是指企业家抓住市场的潜在盈利机会，以获取商业利益为目标，重新组织生产条件和要素，建立起效能更强、效率更高和费用更低的生产经营方法，从而推出新的产品、新的生产（工艺）方法、开辟新的市场，获得新的原材料或半成品供给来源或建立新的组织，它包括科技、组织、商业和金融等一系列活动的综合过程。彭玉冰和白国红（1999）认为 "企业技术创新是企业家对生产要素、生产条件、生产组织进行重新组合，以建立效能更好、效率更高的新生产体系，获得更大利润的过程"。上述国内外学者从不同角度定义了技术创新，体现了对创新理论的继承和发扬。总的来看，国内关于技术创新理论的研究相对较弱，尚未形成极具影响力的技术创新理论。下面，本研究将就几个主要的技术创新学派进行介绍，即新古典经济增长学派、新熊彼特学派、制度创新学派、国家创新系统学派。

（1）新古典经济增长学派

新古典经济增长学派强调技术创新是经济增长的重要根源，以美国经济学家罗伯特·索洛（Robert M. Solow）等人为代表。Solow（1956）率先认识到技术创新是经济增长的主要根源，他区分出经济增长的两种不同来源：一是由要素数量增加而产生的"增长效应"，二是由要素技术水平提高而产生的"水平效应"。为了研究技术创新对经济增长的影响，他建立了著名的"索洛模型"（Solow Growth Model）。他指出在不增加要素投入的情况下，技术进步可以通过改变生产函数，从而使生产函数曲线向上移动，达到经济增长的目的。美国经济学家丹尼森（Edward F. Denison）开创性地提出了"经济增长因素分析法"，不仅实证了"索洛模型"，还获得了一个重大发现，即在经济增长的计量中，总的经济增长率远远大于资本和劳动要素投入的增长率，产生的"增长剩余"是技术进步的结果。而在《资本化过程中的创新：对熊彼特理论的述评》一文中，索罗（Solow，1951）提出了创新成立的两个条件，即新思想的来源和以后阶段的实现。这种"两步论"被认为是技术创新研究上的一个里程碑。

（2）新熊彼特学派

新熊彼特学派的代表人物有爱德温·曼斯菲尔德（E. Mansfield）、莫尔顿·卡曼（M. Kamien）、南希·施瓦茨（Nancy L. Schwartz）等，他们强调技术创新和技术进步在经济增长中的核心作用，主要是将技术创新视为一个相互作用的复杂过程，重视对"黑箱"内部运作机制的揭示，并在分析这一过程的基础上先后提出了许多著名的技术创新模型。新熊彼特学派更加关注创新的机制、创新的起源、创新的过程以及方式等内容，通过对熊彼特创新理论的延伸，新熊彼特学派为技术创新理论构建起了基本的研究框架，为技术创新理论的发展奠定了基础。新熊彼特学派研究的主要问题有新技术推广、技术创新与市场结构的关系、企业规模与技术创新的关系等。

其中，曼斯菲尔德对新技术的推广问题进行了深入的研究，分析了新技术在同一部门内推广的速度和影响其推广的各种经济因素的作用，并建立了新技术推广模式。他提出四个假定：①完全竞争的市场，新技术不是被垄断的，可以按模仿者的意愿自由选择和使用；②假定专利权对模仿者的影响很小，因而任何企业都可以对某种新技术进行模仿；③假定在新技术推广过程中，新技术本身不变化，从而不至于因新技术变化而影响模仿率；④假定企业规模的大小差别不至于影响采用新技术。在上述假定的前提下，曼斯菲尔德认为有三个基本因素和四个补充因素影响新技术的推广速度。这三个基本因素为：①模仿比例，模仿比例越高，采用新技术的速度就越快；②模仿相对盈利率，相对盈利率越高，推广速度就越快；③采用新技术要求的投资额，在相对盈利率相同情况下，采用新技术要求的投资额越大，推广速度就越慢。四个补充因素包括：①旧设备还可使用的年限，年限越长，推广速度就越慢；②一定时间内该部门销售量的增长情况，增长越快，推广速度就越快；③某项新技术首次被某个企业采用的年份与后来被其他企业采用的时间间隔，间隔越长，推广速度就越慢；④该项新技术初次被采用的时间在经济周期中所处的阶段，阶段不同，推广速度也不同。

（3）制度创新学派

制度创新学派的主要代表人物为美国经济学家兰斯·戴维斯（Lance E. Davis）和道格拉斯·诺斯（D. North）。他们在 1971 年出版的《制度变革与美国经济增长》一书中，提出了制度创新理论，认为"制度创新"是经济的组织形式或经营管理方式的革新。他们在经济增长分析中引入制度变量，并得出结论：制度安排好坏决定技术进步高低，进而体现经济增长快慢。该学派利用新古典经济学理论中的一般静态均衡和比较静态均衡方法，在对技术创新环境进行制度分析后，认为经济增长的关键是设定有效刺激制度。周艳榕、江旭（2003）总结了其主要观点：①技术进步不是经济增长的原因，而是其本身。经济增长的关键是设定一种能对个人提供有效刺激的制度，该制度确立一种所有权，即确立支配一定资源的机制，从而使每一活动的社会收益率和个人收益率几乎相等。②产权的界定和变化是制度变化的诱因和动力。新技术的发展必须建立一个系统的产权制度，以便提高创新的私人收益率，使之接近于社会收益水平。③一个社会的所有权体系若能明确规定和有效保护每个人的专有权，并通过减少革新的不确定性，促使发明者的活动得到最大的个人收益，则会促进经济增长。

（4）国家创新系统学派

创新研究在 20 世纪 80 年代末上升到国家层面并提出"国家创新系统（NIS）"，以英国学者克里斯托夫·弗里曼（C. Freeman）、美国学者理查德·纳尔逊（R. Nelson）等人为代表。Freeman（1987）最早据此研究日本案例，认为国家创新系统是第二次世界大战后日本经济繁荣背后最重要的原因，证实了一国拥有积极且组织良好的创新系统的重要性。Nelson（1993）研究了15 个国家创新模式后认为，分析国家创新会纠缠于讨论劳动市场、金融系统、货币或贸易政策等，尚需构建一个更具现实意义的理论框架。对此 Lundvall（1992）做了尝试，其《国家创新系统：面向创新理论和交互学习》一书从演化系统的角度研究创新进程的微观基础，认为创新是一个复杂的动态现象，不能仅从孤立的个人或公司的角度来考虑，还需要关注系统各个部分及其相互之间的影响和反馈。该学派认为技术创新不仅仅是企业家的功劳，也不是企业的孤立行为，而是由国家创新系统推动的。国家创新系统是参与和影响创新资源的配置及其利用效率的行为主体、关系网络和运行机制的综合体系，在这个系统中，企业和其他组织等创新主体通过国家制度的安排及其相互作用，推动知识的创新、引进、扩散和应用，使整个国家的技术创新取得更好的绩效。

1.1.4　创新扩散理论

创新扩散理论是欧美学者在研究人们对新观点、新事物的接受过程时提出的理论，广泛运用于农业技术创新扩散过程中。农业科技成果转化和推广实质是农业技术创新扩散，因此，创新扩散理论可用于指导农业科技成果转化和推广。

最早提出创新理论的奥地利经济学家约瑟夫·熊彼特（Schumpeter，1912）将技术创新在企业间大面积的模仿行为称为"创新的扩散"。曼斯菲尔德（E. Mansfield）认为模仿（或采用）就像创新本身一样，本质上是一个学习过程，技术创新不像信息传播过程那样简单，它还涉及新技术采用者的采用过程，采用者并不是得到了新技术的信息就立即采用，这里存在一个学习的过程。莱恩和格罗斯（Ryan，Gross，1943）关于玉米杂交种子的扩散研究开拓了农业创新扩散研究的先河，E. M. 罗杰斯（E. M. Rogers，1962）对他们的研究给予了高度评价，认为该研究包含了创新扩散的四大要素，即创新、沟通渠道、时间和社会关系，并认为他们为大部分的扩散研究提供了研究方法——回顾式采访法，成为创新扩散研究的奠基石。

创新扩散研究的代表人物和集大成者是 E. M. 罗杰斯（E. M. Rogers）。1962 年，罗杰斯在《创新的扩散》中提出"不论是一个方法、一个物体还是一次实践，如果被采用的个人或团体认为他是全新的，这就是创新"。罗杰斯通过研究，用扩散曲线深入分析了创新的采用与扩散理论，"创新的扩散是指某项创新在一定时间内，通过一定的渠道，在某一社会系统的成员之间被传播的过程"。创新扩散的一般规律是科技成果转化和推广的基本规律。创新扩散过程体现为：创新被最初创新者采用，通过认识、兴趣阶段出现早期采用者；效用产生后，接着扩散，扩散到更多的采用者或采用地区，使创新得以普及应用，出现早期多数、晚期多数的采用者，创新的采用与扩散完成。扩散有时是少数人向多数人的扩散，有时则是由少数的单位、地区向更多的单位、地区扩散。大量研究表明，一项农业科技成果从开始被采用到衰退直至退出的整个过程，扩散趋势可用横坐标为时间，纵坐标为创新采用累计数量绘制的 S 形曲线表示。创新决策过程分为认知、说服、决定、实施、确认 5 个阶段，人们是否接受创新的决策过程和创新扩散的速率会受到 5 个因素的影响，即相对优势、兼容性、复杂性、可试验性、可观察性。如果创新能够很好地解决这五个方面的问题，创新扩散就可以较快实现。

　　罗杰斯早期研究主要集中在农业创新扩散领域，其博士论文为《克林斯农业社区几个农业创新产品的扩散分析》。1963—1964年，他被派往哥伦比亚共和国的农业社区进行扩散过程的研究和教学，使其有机会对扩散模型的适用性进行了广泛考证，受到发展中国家农业创新扩散实践检验。"创新的扩散是社会变迁的普遍过程。"在《创新的扩散（第五版）》（唐兴通等译，2016）前言中，罗杰斯指出，"现代世界正在面对着各种社会变迁和社会问题，创新扩散学说同样受到影响，如互联网、艾滋病和恐怖活动等"，在第五版中引入了"不确定性"和"信息"两个重要概念，使得"创新的扩散"置于新的社会环境下，与时俱进，对现代农业科技创新信息的扩散具有更强大的理论指导力。

1.2　文献回顾

1.2.1　涉农高校、科研院所农业科技创新文献回顾

　　涉农高校和科研院所是农业科技创新体系的重要组成部分，学者围绕农业高校的科技创新研究多从科技创新能力、科技创新效率及协同创新等角度来讨论，围绕农业科研院所进行农业科技创新的讨论主要集中于科技创新能力、科技创新绩效评价等方面。下面就这两个主体分别进行讨论。

1.2.1.1　涉农高校农业科技创新的相关研究

（1）涉农高校科技创新能力研究

　　高校科技创新对于国家创新体系建设和创新驱动战略实施具有巨大的推动作用，农业高校是农业科技创新的主体之一，肩负着培养人才、服务社会和科学研究的重任。围绕农业高校科技创新能力的研究内容主要包括农业高校科技创新的现状及存在的问题研究、科技创新能力的内涵及建设研究、科技创新路径研究等。

　　针对农业高校进行科技创新的现状及存在的问题研究，宋燕平（2004）认为农业高校的技术创新存在农业科研项目重复立项、科研成本较大，基础研究、应用研究和试验发展比例失调，农产品加工研究薄弱等问题，并且提出农业高校要加强源头创新，进行资源整合，尽量减少重复研究，以使有限的资源发挥最大效益；逐步完善农业技术创新的考核体系，进一步提高高校面向市场的积极性。李峰、潘晓华、刘寿发（2008）针对农业高校科技创新存在运行机制不完善、研究领域过于狭窄或分散、科技创新及科研管理制度不够完善、评价体系有待健全等问题，提出要大力加强高校改革创新，加快农业科技进步与创新，加速农业科技成果的推广转化与产学研结合，形成完整、有效的创新价

值链，才能增强农业高校的核心竞争力。吕火明、李晓、刘宗敏等（2011）界定了农业科技创新能力建设的内涵，并将农业科技创新能力建设划分为环境支撑能力建设、主体发展能力建设、主体产出能力建设和效益能力建设。杨霞（2011）从加强科技管理、加大科技投入、加快人才培养、加速产学研结合 4个方面对提高农业院校自主创新能力进行了详细阐述。周晓光（2013）认为在农林高校的科技自主创新能力建设中，项目是纽带，团队是主体，平台是支撑，三者共同构成农业科技创新的核心要素。提高服务农业建设的能力，农林高校应变"供给主导"为"需求主导"的应用研发模式，不断优化农业科技创新链、完善法人、团体、专家等各类科技特派员制度，建立健全高校内部的农业科技推广和成果转让组织体系，提高农业科技服务的组织化程度。蒋大华、陈俐、姜海（2016）重点分析农业高校在自主创新能力方面存在科研组织碎片化，解决重大需求和前沿问题的能力不足、顶尖人才与战略科学家缺乏和高水平科研梯队不完善、科研评价体系有待进一步完善等问题。

从以上研究可知，学者普遍认为我国农业高校科技创新能力有待提高，并给出相应的对策措施。但是，近两年来的研究相对较少。

（2）涉农高校科技创新效率研究

杨传喜、徐顽强、张俊飚（2013）基于 1993—2009 年农林高等院校的面板数据，运用 DEA-Malmquist 指数方法对农林高等院校的科技资源配置效率进行测度的结果表明：农林高等院校技术效率平均提高了 1.1 个百分点，科技资源配置效率呈现上升的趋势，但院校之间存在一定的差异。陈晓琳（2015）采用 Bootstrap-DEA 法分析 2009—2011 年 43 所农林高校科研绩效，得出：中国农林高校科研投入与产出快速增长，但个体差异较大；农林高校整体纯技术效率低于规模效率；各高校绩效个体差异明显，"211 工程"高校技术效率和纯技术效率显著高于一般高校，但"985 工程"高校无明显绩效优势。邱泠坪、郭明顺、张艳等（2017）利用综合 DEA 模型对 2012—2015 年 32 所农业高校科研生产绩效进行评价发现，科研效率整体水平偏低，绝大多数农业高校存在人员投入冗余、科研产出不足和技术效率差异大等问题。吴和燊、林青宁、刘瀛弢等（2018）基于 2008—2016 年我国 36 所农业高校数据，运用 DEA-Malmquist 指数法测算并比较分析不同地区农业高校的科技创新效率，研究不同影响因素对农业高校科技创新效率的动态影响。研究发现，2008—2016 年，由于科技资源配置浪费、协同创新规模较小等原因导致农业高校科技创新效率年均下降 2.2%，高职称结构、校企协同创新、"211 工程""985工程"建设、科技创新政策与农业高校科技创新效率之间存在显著正相关关系。

综合现有文献，国内外关于农业高校科研创新效率问题的研究有很多，也取得了一定的成果。从研究对象样本选择上看，分别在某类高校、某一地区、国家层面上进行了多层次的分析，而且，近年来，国内外学者对省际、区域的高校科研效率的研究逐渐增多；从研究方法上看，高校科研效率的衡量由单要素科研效率向全要素科研效率转变，静态研究向动态研究转变，模型和数据分析呈现多样化。通过近年来有关高校科研效率的文献阅读总结，基于前沿生产函数的前沿效率分析已经逐步取代传统生产函数分析方法，成为评估科研效率的主要方法。依据是否需要估算生产函数中的参数，可将前沿效率分析方法分为两类，参数方法（SFA）和非参数方法（DEA）。为了有效地提高高校科研效率的准确性，越来越多的学者注重了 DEA-Malmquist 分解指标对全要素高校科研效率的分析，针对不同区域高校科研效率的优势与不足的区分以及不同区域高校科研能力提升对策和建议的研究越来越多，成果应用也大大提高。

（3）涉农高校协同创新研究

"2011 计划"实施以来，农业高校积极推进协同创新实践和探索，取得明显成效。根据主体不同，主要有产学研协同创新、政产学研用协同创新、校际协同创新和校内协同创新四种模式。

21 世纪早期，就已经存在农业高校和企业等其他创新主体的协同创新的思考和探索。李艳军、杨光圣（2000）认为我国农业科研与农业科技产业一直未能形成一种有效的互动关系，提出高校农业科技人员兴办科技产业的建议，是对农业校企合作模式的早期探索。吴新（2008）介绍了广东温氏食品集团公司与华南农业大学共同创建的"产、学、研"密切结合的"公司＋基地＋高校"的校企联盟科技创新范式，该范式解决和突破了企业在产业化进程中面临的技术难题和发展瓶颈，全面增强了企业核心竞争力，同时也为高校的发展提供了良好的平台和空间，取得了双赢的效果。桑玉昆（2009）对农业高校产学研结合模式进行了系统研究，总结出目前我国农业高校产学研结合实践中的一些要点、难点及模式选择原则，对我国农业高校产学研结合模式提出了有益的思路和对策。吴素春、项喜章、刘虹（2011）在深入分析农业科技创新特点的基础上，从农业企业和学研方（高校和科研院所）两个主体行为出发，运用博弈论，探求在政府介入条件下农业科技产学研合作的动力来源，以及双方如何选择合适的产学研合作模式的路径，以指导农业科技产学研合作创新活动的有效开展。皮芳辉、卢曼萍（2013）提出高等农业院校要明确自身协同创新的目标和内容，契合高校职能，建构协同创新的长效机制，重视体制建设和制度创新。田兴国、蒋艳萍、吕建秋（2013）在分析了农业高校科技创新能力提升面临的困境的基础上，指出协同创新是农业高校科技创新能力提升的最有效途径。

在认识到协同创新重要性的基础上，学者也开始探究高校进行协同创新的限制性条件。韩强（2013）在阐述了上述四种主要的协同创新模式的区别和优劣势外，认为农业高校协同创新还存在缺乏对协同创新的理性把握和准确认识、缺乏完善的政策导向和制度保障、缺乏科学的管理体制和运行机制、缺少系统的理论研究支撑和成熟的经验模式借鉴等问题，严重制约着农业高校协同创新的广泛化、密切化、深入化推进。邓永超、吴新（2013）依据"协同理论（Synergy Theory）"从农业高校内部和外部分析了农业高校协同创新发展的瓶颈，认为农业高校要把握好社会需要整体开发人才和国家实施高校协同创新战略的现实良机，积极开展校内和校外的协同创新，让协同的团队建构共同愿景，乐于协同，并且在健全的协同机制的保障下，有效地进行协同，从而提升人才的整体效能。张美玲（2017）认为协同创新中的风险隐患正在逐步显现，如协同创新利益分配不合理、协同创新技术共享机制不健全、协同创新政策法规不完善等，必须采取有效措施加以防范。陈诗波、李伟（2018）从协同创新理论出发，基于对沈阳农业大学新农村发展研究院的实地调研，采用文献梳理、归纳总结和定性分析等方法对高校新农村研究院为乡村振兴战略提供科技支撑的机理、模式、作用和困难问题进行了梳理。在农业高校协同创新研究中，我国学者多从协同创新理论出发，在肯定协同创新的基础上，探究农业高校、科研院所和企业等创新主体在相应政策环境下的不同模式的特点、问题以及建议等。

综上，我国学者对于涉农高校农业科技创新能力、农业科技创新效率及农业科技协同创新等方面进行了大量研究，但涉农高校的农业科技创新效率不高、协同创新不紧密，仍是值得研究的重要课题。

1.2.1.2　农业科研院所科技创新的相关研究

围绕农业科研院所的科技创新，学者多从科技创新能力、创新绩效与评价体系等角度进行研究。

毕琳、赵瑞君（2008）运用主成分分析法对黑龙江省科研院所的科技自主创新能力进行了实证分析，根据分析结果，在经费保障、人才队伍建设、科技成果转换和扩散 3 个方面提出了具体建议。陆建中、李思经（2011）立足系统科学和管理科学理论，分析了农业科研机构自主创新能力系统，应用层次分析法与专家调查法等构建了自主创新能力评价指标体系和综合评价模型，为进一步开展评价研究和管理奠定理论和方法基础。杨勇福、骆艺、黄洁容（2020）选取与公益类科研院所科技创新密切相关的典型指标，以层次分析法为基础，建立一套完整的可量化比较的考评指标体系，并以广东省农业科学院院属各单位科技创新考评为案例验证其科学合理性，为科技创新评价体系构建提供参考。

围绕农业科研院所创新发展的绩效评价，学者多是通过构建评价指标体系进行研究。从方法来看，主要有主成分分析法、层次分析法、专家打分法和功效系数法等方法，还有的学者从系统科学理论的角度进行研究；从指标内容看，主要包括科研经费、科研人才、科研项目、科研平台等主要指标，有的学者还关注国内外科研合作以及科技成果转化等指标。

进一步分析文献可知，从科研投入和产出的关系来看，薛晨霞、姜永平、袁春新（2013）运用 DEA 方法对江苏沿江地区农业科学研究所 2001—2010 年的 R&D 经费、人员投入、专利及论文产出进行了分析，结果表明，该所 R&D 投入产出综合效率较高，纯技术效率低下是影响综合效率水平的主要因素，并提出了提升绩效水平的建议。许玲、魏伶俐、赵涵（2017）通过对江苏省农业科学院"十一五"以来科研数据的统计分析，定量评价科研经费投入与科研产出、科研奖励的关系。结果表明，科研经费投入与科研产出之间存在高度的正相关，且科研奖励相比科研经费投入更能促进科研成果产出。

从协同创新的角度来看，林青宁、孙立新、毛世平（2018）以中国农业科研院所为研究对象，选用 2009—2015 年的省际面板数据，以研发禀赋结构为门槛变量，构建动态门槛回归模型实证检验协同创新对农业科研院所创新产出的影响。研究发现，协同创新对农业科研院所创新产出的影响存在基于研发禀赋结构的"双门槛效应"。林青宁、温焜、毛世平（2018）构建了随机前沿生产函数与共同前沿生产函数，测度分析创新模式异同对农业科研院所研发效率的影响。结果表明：两种方法下开展协同创新的农业科研院所研发效率均优于仅开展独立创新的农业科研院所，且基于 Meta-frontier 模型测度的结果表明：协同创新的技术前沿面相切于共同前沿面，而独立创新的技术前沿面距离共同前沿面尚存在一定差距，协同创新模式下的技术水平优于独立创新模式下的技术水平。林青宁、毛世平（2018）又探讨了不同类型协同创新模式对农业科研院所创新能力的影响，是显著基于研发禀赋结构的"双门槛效应"的。当处于合理的研发禀赋结构区间时，合作创新模式、外向开放式创新模式以及创新联盟模式对农业科研院所创新能力的提高有显著的促进作用。项诚、毛世平（2019）利用中国农业科研院所微观数据，基于新增长理论的知识生产函数构建农业科研院所创新产出影响因素的实证模型，考察参与协同创新对农业科研院所创新产出的具体影响。研究发现，农业科研院所参与协同创新对其国外发表科技论文和申请发明专利有显著促进作用，但并未显著影响其学术著作出版数量，对其国内发表科技论文有显著负影响。以上研究表明，相对于独立创新，协同创新对农业科研院所的创新效率有显著的正向作用；协同创新有利于提高科研院所的创新能力，但是要注意合理的研发禀赋结构区间以及合理的协同创新模式。

总之，从研究数量来看，针对涉农高校农业科技创新的研究成果较多，开始研究较早且相对成熟，针对农业科研院所创新的研究相对较少；从研究趋势来看，近两年关于农业科研院所科技创新的研究有增加的趋势，而针对农业高校创新的研究相对减少；从研究内容来看，关于农业科技创新能力、农业科技创新效率方面的研究较多，而且近几年关于农业科技协同创新的研究也逐渐增加，但关于农业科技创新动力机制的研究相对较少；从研究方法来看，关于农业科技创新的实证研究逐渐成为主流，定性与定量相结合。

涉农高校和科研院所作为产学研协作创新模式的重要创新主体，要在促进农业科技创新、推广农业先进技术、转变传统农业生产方式、发展现代农业等方面充分发挥科技第一生产力的作用。目前，应在明确其科技创新主体地位的基础上，研究清楚科技创新的动力机制，厘清当前发展的现状问题和现实需求，找出研究路径，充分发挥其在农业科技创新中的中流砥柱作用。

1.2.2　农产品加工企业科技创新文献回顾

1.2.2.1　农产品加工企业技术创新能力研究

（1）农产品加工企业技术创新特点及存在的问题研究

20 世纪 90 年代初，随着国家对农业产业化的扶持，农产品加工企业开始迅速发展起来，2000 年以后逐渐出现对农业企业（或农产品加工企业）技术创新能力的研究。因此，专门针对农产品加工企业技术创新进行研究的文献较少。朱卫鸿（2007）等在对我国农业企业技术创新的特点与不足进行分析的基础上，提出要健全农业企业技术创新体系、加强产学研合作、建设农业信息数据库等来增强农业企业技术创新的能力；陈会英（2008）主要从技术创新的条件与水平、技术创新方向、影响技术创新的因素、技术创新成效和技术创新中的政府职能等方面对山东省农产品加工企业技术创新进行分析；徐向峰（2010）通过分析农产品精深加工企业的特点，从技术创新观念、人才、资金、合作创新机制、知识产权保护 5 个方面提出促进农产品精深加工企业技术创新能力提高的对策；王生龙、霍学喜（2012）针对农产品加工企业技术创新存在的资金不足、人才短缺、激励机制不完善等问题，提出政府应制定支持农产品加工企业技术创新的相关法律和财政、税收优惠政策，企业应引进、培养研发人才并完善激励机制等促进农产品加工企业技术创新的建议。

（2）农产品加工企业技术创新能力评价研究

高霞等（2008）通过构建评价指标体系，采用密切值法、层次分析法，对农业产业化龙头企业技术创新能力进行评价，并在分析企业技术创新能力影响因素的基础上，提出促进农业龙头企业技术创新能力提高的对策建议。余庆来（2011）构建出了农业企业自主技术创新能力评价指标体系，并研究出评价方法。赵倩倩（2011）在总结农业企业技术创新特点的基础上，通过构建评价指标体系，采用密切值法对杨凌10家农业企业的技术创新能力进行评价，针对杨凌农业企业技术创新存在的问题提出明确农业企业技术创新主体地位、建立技术创新信息网络、完善农业企业创新环境等对策。曾翠红（2011）通过构建具有特色的农业产业化龙头企业技术创新能力评价指标体系，采用因子分析法，对安徽省10家农业产业化龙头企业技术创新能力进行评价，提出了对农业产业化龙头企业技术创新能力评价科学化的建议。李佳佳（2013）从产业集群的角度，通过构建企业技术创新能力评价指标体系，采用层次分析法和调查数据，对安徽省10家农产品加工企业技术创新能力进行分析和比较，找出不足，从农业园区建设、技术创新环境、产学研合作等方面提出促进农产品加工企业技术创新能力提高的对策。李萍（2016）通过剖析农业科技企业技术创新系统及创新能力的形成机理，研究了技术创新能力对技术创新路径的影响关系。张弛（2018）通过构建企业技术创新能力的评价指标体系，对被调研的30家企业的技术创新能力进行评估，并对企业技术创新能力影响因素进行分析。龙文琪（2020）研究了企业技术创新能力与企业绩效的关系。

总体上看，学者关于农产品加工企业或农业企业技术创新能力的定量研究较少，尤其是对农产品加工企业技术创新能力影响因素的研究很少，有必要进一步丰富相关研究。所以，本书借鉴前人研究成果，基于农产品加工业大省（吉林省）的调查数据，对农产品加工企业技术创新能力与影响因素进行实证分析。

1.2.2.2　农产品加工企业技术创新模式研究

国外关于技术创新模式的研究已比较成熟。N. Abernathy 和 J. M. Utterback（1978）通过对产业成长案例的研究，提出动态的技术创新"A-U"路径模型。在对技术引领者和技术跟随者的技术创新模式进行对比分析后，Anderson 和 Tushman（1990）得出了技术创新模式的线性与非线性差异结论。Linsu Kim（1997）认为发展中国家在进行技术创新时的路径与发达国家相反，进而提出了逆向"A-U"路径模型，即"引进—消化吸收—创新"的模式。Sof Thrane（2010）运用路径依赖理论对医疗器械企业进行分析，探讨企业如何打破技术和认知的限制，找到适合自身发展的技术创新模式。

国内关于技术创新模式的研究近年来有所增加。傅家骥（1998）认为技术创新包括模仿创新、合作创新、自主创新，这种分类方法成为国内技术创新模式分类的主流；陈莎莎（2009）也认为技术创新包括模仿创新、合作创新、自主创新三种模式。肖蕊等（2014）总结归纳了具有代表性的五种技术创新模型并分析了其利弊，提出了改进意见。卫平、张玲玉（2016）运用 GMM 方法验证了不同技术创新模式对产业结构的合理化与高级化存在不同的影响效果。李海超、杨杨（2016）对高新技术企业自主创新的四种模式进行研究，为其他高新技术企业在自主创新模式的选择上提供了参考。刘畅、孙自愿（2016）研究了后发企业自主创新模式，主要包括模仿、协同、破坏、逆向四种基本模式。单娟、董国位（2017）对后发企业逆向创新模式进行研究，得出企业所处创新阶段及侧重点的不同造成所选择的创新模式也不同。张倩、姚平（2018）以波特假说为理论框架，研究环境规制对企业技术创新模式产生的影响、动态演化的模式、轨迹过程和策略选择。李玥等（2018）构建企业技术创新与知识整合的耦合模型，找出提升高端装备制造企业技术创新能力的路径，即基于供应链、产业联盟、创新平台的三条路径。

技术创新模式的种类较多，但最经典的技术创新模式分类依然是模仿创新、合作创新、自主创新。

1.2.3　农业科技园区科技创新文献回顾

农业科技园区最早出现于 20 世纪 80 年代末，是我国最早的农业园区类型，见证着我国农业科技的发展历程。2001 年，科技部等 6 部委联合启动国家农业科技园区试点工作，指出以科技开发、示范、辐射和推广为主要任务的农业科技园区，是实现我国传统农业向现代农业跨越的必然选择。经过几十年发展，我国已形成一批覆盖全国、层次分明、各具特色、模式多样的农业科技园区。截至 2018 年底，我国拥有国家级农业科技园区 278 个、省级农业科技园区 975 个。农业科技园区在我国科技成果转化、农业结构调整、农民就业增收、区域经济发展等方面起到了巨大促进作用。现阶段，我国农业科技园区发展，已经从最初的以示范推广为目标逐步向创新引领农业发展的阶段过渡，我国农业科技园区的发展已经初具规模并分布于全国各地。

随着农业科技园区的不断发展，关于农业科技园区的研究成果也逐渐增多。首先表现在关于国外农业科技园区科技创新的经验启示研究方面。申秀清、修长柏（2012）认为，科技创新是国外现代化农业发展的动力和源泉，国外农业科技园区强化科技创新的地位，主要有财政支持保证技术创新，重视政府、大学或科研单位和农业企业的合作，重视农业科技人才的培养和人力资源的开发等。尹丽莎（2017）研究认为，国外农业科技园区成功的经验主要体现在，利用先进的现代高科技技术、采用健康无害的农业生产方式、有效利用当地特色资源，以生产经营组织的健全保证农业科技园区的技术创新。王桂朵（2017）认为，以色列的农业科技园区技术创新主要以节水、生态循环为基础，其成就的取得离不开政府的资金、技术支持，节水农业本身就是一项技术。可以说，以色列现代农业科技园区95％需要依靠现代科技。

关于国内农业科技园区科技创新的相关研究主要体现为科技创新能力及其评价和科技创新发展策略方面。2014年，由中国农村技术开发中心编著的《国家农业科技园区创新能力评价报告2014》，基于测评采集到110个国家农业科技园区的生产和研发数据的分析表明，国家农业科技园区之间创新能力差异较大。夏岩磊（2017）选取3个一级指标16个二级指标和74个三级指标构建创新能力评价体系，采取层次分析法对指标权重进行估计，以安徽6家已完成第一个建设周期的国家级农业园区为例，对其创新能力进行评估。雷玲、陈悦（2018）从技术创新能力、制度创新能力与创新环境等方面对杨凌农业科技示范园区的创新能力进行了综合评价。李晓萍（2020）基于创新过程理论和农业科技园区的战略功能定位，提出创新资源集聚、创新服务支撑、创新成果产出和创新综合绩效4个维度的农业科技园区创新能力评价体系，并依据全国160家农业科技园区2016—2018年的监测数据，基于突变级数法对农业科技园区的创新能力进行综合测算与排名。

常亮等（2019）以115家国家农业科技园区为例，运用K均值聚类分析法和有序LOGIT模型，深入探讨了国家级农业科技园区科技创新能力及影响因素。姚昉（2016）则借助于社会网络关系研究方法，从园区创新产出、园区创新条件和园区创新绩效多个方面，选取56个指标构建了园区技术创新影响因素指标体系。何玲等（2019）针对旱地需要节水地区提出农业科技园区科技创新发展的新路径，建设节水高效农业科技园区。姚应凌（2019）研究认为，铜陵国家农业科技园区的科技创新应不断加强产学研合作，发挥科技园区的平台优势推进园区创新平台建设，不断增强研发转化能力。

总之，现有文献对于我国农业科技园区的创新能力评价、科技创新发展策略等方面的研究较多，但关于农业科技园区创新能力影响因素的研究较少，而且多数研究是关于宏观的国家级农业科技园区的研究，关于某一地区农业科技园区创新能力及影响因素的研究成果较少。

1.2.4　农业科技成果转化文献回顾

林青宁等（2018）认为，农业科技成果转化是我国科技管理工作专用的名词，国外多用技术转移或商业化来表述，而且，现阶段国外关于农业科技成果方面的研究主要集中在如何提高技术转移效率方面。关于农业科技成果转化模式方面，郭建强等（2010）在对美国、法国、荷兰、以色列等农业发达国家农业科技成果转化模式的异同和成功经验进行总结分析的基础上，建议我国要建立国家主导的农业科技成果转化模式体系。后来，孟莉娟（2016）、李建华（2012）分别对美国教育—科研—技术推广"三位一体"模式、法国"农业组织主导"的多元推广模式、荷兰政府主导的综合推广模式进行了深入分析，并对我国农业科技成果转化模式提出了相应的建议。

现阶段，我国农业科技成果转化模式主要包括以下几种类型：政府主导型模式、企业主导型模式、农业科研院所及农业高校主导型模式、协同转化模式（郭建强等，2010；赵庆惠，2010）。

近年来，我国每年通过评估（鉴定）的农业科技成果约 8 000 项，但成功转化的成果仅占 40% 左右，远低于发达国家的 70%～85% 的水平。农业科技成果转化率是农业科技成果数量转化程度的量化，由于量化方法不同导致农业科技成果转化率测算方法不同。因而，目前对农业科技成果转化率的概念界定和测算方法没有一致的研究结论。赵蕾等（2011）基于模糊综合评价法，对"已转化的渔业科技成果数"进行判断，在此基础上提出了渔业科技成果转化率的测算方法。赵蕾等（2012）运用层次分析法和德尔菲法分别对某渔业研究机构不同类型的科技成果转化率进行了测算。近年来，随着对农业科技成果转化率研究的进一步加深，肖娴等（2015）开始使用 DEA 方法以及随机前沿函数生产模型（Stochastic Frontier Analysis，SFA），通过不同角度来测算我国农业科技成果转化效率，认为现阶段我国农业科技成果转化效率较低且增长趋势缓慢。林青宁、毛世平（2019）基于 2008—2016 年高校微观面板数据，通过网络 DEA 模型对其科技成果转化效率进行测度，构建空间误差模型实证检验高校科技成果转化效率的影响因素。

代洪娟等（2010）结合阜花系列花生新品种转化的实际，提出研制高水平、实用性强的农业科技成果、加大政府扶持力度、做好推广前的宣传和示范工作、提高农民的科技文化素质等可以加速科技成果转化。李佳（2013）从农业科技成果创新、转化、应用全过程分析了科技成果转化中存在的主要矛盾和问题，提出加强农业科技集成创新、完善科技成果评价和转化机制、提高农民组织化水平和创新成果转化推广方式等加速成果转化的对策和建议。程玉英（2016）认为，农业科技成果转化推广部门受重视程度不高，农业科技成果转化推广人才工作条件较差、待遇福利水平较低、配套设施不够完善，由此衍生了农业科技成果转化队伍对人才的吸引力不够，转化人员缺乏、不稳定、整体素质不过关，尚处于摸索前进阶段等问题。吴磊（2016）认为，我国农业科技成果转化中仍然存在科研与需求错位、投资结构不合理、基层推广能力不足、农业品牌建设滞后等问题，并提出了相应的对策建议。金雪婷等（2020）强调科技成果转化人才是科技创新人才队伍的重要组成部分，农业科研院所是农业科技成果转化人才培养和施展才能的主阵地之一。

综上，通过对农业科技成果转化研究进展的分析发现，我国关于农业科技成果转化的研究，主要集中于运用定性分析的方法来研究农业科技成果转化现状、转化模式、转化存在的问题等，而涉及农业科技成果转化绩效评价的定量研究起步较晚，主要通过构建绩效评价指标体系来研究农业科技成果转化的效果；关于农业科技成果转化率测算和计量的研究还较少，为数不多的高校关于农业科技成果转化率概念界定和测算方法的研究尚没有达成一致的研究结论。总之，现有研究成果主要集中于农业科技成果转化模式、转化存在的问题与对策、转化率评价等方面，而关于农业科技成果转化影响因素的研究较少，故本研究对吉林省农业科技成果转化的影响因素进行了深入研究。

第 2 章
吉林省农业科技创新发展现状

2.1 吉林省涉农高校、科研院所农业科技创新现状

目前，吉林省拥有各类高等院校、科研院所 112 家，其中涉农高校包括吉林农业大学、吉林大学（农学部）、延边大学（农学院）、吉林农业科技学院、北华大学（林学院）等，涉农科研院所包括吉林省农业科学院、中国科学院东北地理与农业生态研究所、中国农业科学院特产研究所、吉林省畜牧兽医科学研究院、吉林省林业科学研究院、吉林省水产科学研究院、吉林省农业机械研究院等省级及以上科研单位以及长春市农业科学院、吉林市农业科学院、延边朝鲜族自治州农业科学院等各市（州）涉农科研单位。拥有国家和省级重点实验室（研究中心或基地）68 个，各类专业技术人员 102.5 万人，涉农中国工程院院士 3 人。近年来，为推动农业科技源头创新，吉林省采取多种措施，大力调动科技人员研究立项和转化科技成果的积极性，在农业科技源头创新方面取得了丰富的研究成果，为实现农业现代化提供了科技支撑。

2.1.1 涉农高校、科研院所农业科技创新资金投入及立项情况

"十二五"期间，吉林省农业科技创新资金投入总体上呈现稳定增长态势。根据吉林统计年鉴相关数据，2011 年，吉林省新上省级农业科技计划项目资金投入额为 1.30 亿元，2015 年这一数值增长到 2.47 亿元，短短五年农业项目的经费支出增加了近一倍；2011 年，吉林省涉及农业领域研究的课题数为 1 070 项，2015 年，涉及农业领域研究的课题数为 1 286 项，增长 20.19%，基本上呈现稳定增长态势。而 2015 年以后，吉林统计年鉴没有分类统计本研究相关的农业科技数据。

农业科技创新投入资金多来源于各级政府对农业高校和科研院所的科研经费支持方面。以吉林农业大学为例，在科研立项及经费投入方面，吉林农业大学在立项层次和数量上保持稳步增长的态势。"十三五"以来，吉林农业大学累计获准资助科研项目 1 828 项，其中自然科学类 1 488 项、人文社科类 340 项；国家级项目 170 项左右；累计到位经费 8.43 亿元。其中，重点体现在：

①国家重点研发计划项目立项数量创历史新高。"十三五"以来，吉林农业大学共牵头主持国家重点研发计划项目 7 项，课题 18 项、子课题 91 项，合同经费 1.95 亿元，立项数目及合同经费均居吉林省省属高校首位，全省高校第二位。②2016 年，首次承担国家重点研发计划重点专项项目，经费资助 0.25 亿元。2017 年，国家重点研发计划项目"动物疫病生物防治性制剂研制与产业化"顺利启动，经费资助 0.21 亿元。该项目汇聚了该领域优势单位 21 家，整合了国内同行业优势研发力量。2018 年，首获国家自然科学基金国际（地区）合作研究与交流项目，经费资助 0.016 亿元；国家重点研发计划"政府间国际科技创新合作"项目实现零突破，经费资助 0.032 5 亿元；国家重点研发计划"种畜场牛结核和布鲁氏菌病综合防控与净化技术集成与示范"项目，经费资助 0.12 亿元。2019 年，首获国家自然科学基金项目区域创新发展联合基金项目，项目直接经费 0.026 3 亿元；"国家作物种质资源长春观测实验站"被认定为农业农村部第二批国家农业科学观测实验站，批准经费 0.12 亿元，既是全国 6 个国家种质资源观测实验站之一，也是依托大学建立的 2 个站之一。③国家社会科学资金立项实现新突破，累计立项 7 项。

在现代农业领域，涉农科研院所成绩显著。2018 年度，吉林省农业科研院所现代农业领域立项共 215 项，占据农林牧副渔领域立项的 76.79%。在涉农科研院所中，吉林省农业科学院成绩斐然。目前，吉林省农业科学院综合科研实力不断增强，在多个学科领域形成优势，其中，大豆杂种优势利用研究达到国际领先水平，培育出世界第一个大豆杂交种"杂交豆 1 号"；规模化植物转基因技术达到国际先进水平，主要农作物种质资源和新品种选育居国内领先水平。

2.1.2 涉农高校、科研院所农业科技成果产出情况

农业科技成果是指农业方面的科学技术成果，包括种植业、林业、畜牧业、渔业等方面。农业科技人员依据其所了解和掌握的相关知识，利用科学手段，对新的理念、新的方法、新的模式进行研究，从而有效地促进农业技术与经济发展。

根据 2018 年度吉林省科技成果统计分析报告，从科技成果登记的技术领域来看，农林牧渔和生物医药等领域科技成果占据主导地位，分别为 280 项和 200 项，占全部科技成果的 71%，与吉林省作为农业大省的经济发展状况相符合。

根据国家科技成果网统计情况，截至 2018 年，吉林省高校农业科技成果登记情况为：吉林农业大学 204 项、吉林大学与吉林大学农学部 31 项、吉林

农业科技学院 52 项、延边大学 6 项。国家、省市及高校对农业科技成果转化，均设奖励，如国家科学技术进步奖、省级及其他部委级科学技术进步奖、省级社会科学优秀成果奖等。涉农高校中，吉林农业大学农业科研成果比较显著，据统计 2016—2018 年，累计获得国家级别和省部级以上科技奖励 184 项，无论是数量还是质量，省级科学技术奖项均处于吉林省各涉农高校首位。

从农业科技创新成果产出及转化情况看，吉林农业大学成绩显著。在科技获奖及新品种审定方面，2018 年，吉林农业大学荣获吉林省第十二届社会科学优秀成果奖 11 项；荣获吉林省自然科学学术成果奖 18 项；审定（登记）植物新品种 9 个，其中，国家审定水稻品种 3 个、国家审定大豆品种 1 个、省级审定水稻品种 2 个、登记高粱品种 2 个，登记花生品种 1 个；荣获 2018 年吉林省科学技术奖 16 项。2019 年，吉林农业大学荣获 2019 年度国家科学技术进步奖二等奖 3 项（主持 1 项、协作 2 项），获奖数量及质量已连续多年位于省属高校首位。在农业科技成果转化方面，2018 年，吉林农业大学累计转让科技成果 35 项，合同金额达 1 255 万元，学校荣获吉林省政府首批科技成果转化贡献奖（单位），全省仅 10 家企事业单位获奖，学校多年科技成果转移转化工作得到了省政府的高度认可。2019 年，吉林农业大学获批教育部首批高等学校科技成果转化和技术转移基地。全国 47 所高校获得首批认定，吉林农业大学是吉林省唯一入选高校，标志着该校科技成果转化与技术转移工作在国家层面获得了高度认可。

从吉林省现代农业类科研成果产出来看，吉林省农业科学院成绩显著。根据国家科技成果网科研成果排行统计，截至 2018 年，吉林省农业科学院作为吉林省涉农科研院所中农业科技成果产出和转化最多的单位，其大豆杂种优势利用研究居国际领先水平。2018 年度，吉林省农业科学院通过鉴定验收 159 个科研项目，通过审定的植物新品种 19 个，其中通过国家审（认）定 4 个、通过省级审（认）定 15 个。获植物新品种保护权 10 件，授权专利 68 件，肥料产品登记 2 个，发布吉林省地方标准 24 项。获各级科技奖励 40 项。中国农业科学院特产研究所登记数为 29 项，该单位年度留所科研经费达 1 亿元，至 2018 年共计取得科研成果 443 项。其他七所地市级农业科学院，长春市农业科学院、吉林市农业科学院、延边州农业科学院、松原市农业科学院、白城市农业科学院、松原市农业科学院及通化市农业科学院累计登记农业科技成果总数为 330 项，其中，通化市农业科学研究院历年来在玉米、大豆和水稻的育种方面成果丰富且转化成果优异，2017 年吉林省农作物品种审定委员会七届三次常委会审定品种目录中，通化市农业科学院水稻品种认定 13 项、玉米品种认定 1 项。

2.2 吉林省农产品加工企业技术创新现状

2.2.1 农产品加工业发展情况

2.2.1.1 组织规模稳步增加

根据吉林省农业产业化办公室统计，截至 2019 年末，县级以上农业产业化重点龙头企业（以下简称农业龙头企业）2 279 家，其中市级农业龙头企业 1 703 家、省级农业龙头企业 576 家；在省级农业龙头企业中，国家级农业龙头企业 54 家；培育首批省级示范农业产业化联合体 43 个。

农业龙头企业利用自身发展优势，整合资源，投资项目建设，在促进地方经济发展和现代农业建设等方面做出了积极贡献。据调研，2019 年，县级以上农业龙头企业实现销售收入 2 699 亿元，较上年增长 16%，上缴税金 131 亿元，其中省级以上农业龙头企业实现销售收入 2 044 亿元，较上年稳中略升；上缴税金 125 亿元。修正药业集团、吉林烟草工业有限责任公司和吉林中粮生化有限公司 3 家龙头企业年销售收入超百亿元；年销售收入超过 10 亿元以上的龙头企业 17 家；上市融资的龙头企业 16 家，其中深沪 A 股上市龙头企业 7 家，新三板、创业板等板块上市龙头企业 9 家。

2.2.1.2 产业分布日趋合理

各地围绕吉林省粮食、畜禽、特产等优势特色产业，谋划项目布局，农业龙头企业围绕资源禀赋综合开发的局面已经形成。以省级重点农业龙头企业为例，从事玉米、水稻、大豆等粮食生产加工的龙头企业 230 家，占 43%，销售收入占 48%；从事肉蛋奶等畜禽生产加工的龙头企业 97 家，占 18%，销售收入占 20%；从事果蔬、中药材、人参等园艺特产品生产加工的龙头企业 196 家，占 37%，销售收入占 28%。

2.2.1.3 带户能力稳中有进

农业产业化龙头企业在巩固"龙头企业＋合作社＋农户"等模式的基础上，探索完善联合经营、入股经营等新模式，在联农带农、带动农户增收致富方面发挥了重要作用。据调查统计，县级以上龙头企业通过种养基地带动农户 260 万户，从业人数达 30 万人，其中农民从业人数 14.3 万人，占 47%，农民从业人员获得工资福利总额 26.1 亿元，人均收入 1.8 万元。省级以上龙头企业带动农户达 217.7 万户，从业人员达 20.3 万人，带动纳入县级以上名录管理家庭农场 8 244 个；紧密带动种植业基地 1 189 万亩[①]，吸收农民以土地经

---

① 亩为非法定计量单位，1 亩＝1/15 公顷。——编者注

营权入股面积 5.6 万亩；基地畜禽出栏量 3.88 亿头（只），禽蛋生产量 61.4 万吨。

农业产业化重点龙头企业在发展自身的同时，积极履行社会责任，以产业助力脱贫攻坚，成为带动贫困户脱贫的中坚力量。据调查统计，2019 年，吉林省国家级贫困县市级以上龙头企业有 323 家，其中 136 家龙头企业明确负责建档立卡贫困户，比例达 42%；带动建档立卡贫困户 79 297 户，占全省国家级贫困县建档立卡贫困户总数的 83%，带动建档立卡贫困户增收 7 266 万元，户均增收 916 元。185 家省级以上重点龙头企业明确负责建档立卡贫困户，带动建档立卡贫困户 56 529 户，占全省建档立卡贫困户的 23%；带动建档立卡贫困户收入 1.01 亿元，户均收入 1 789 元。

得益于农业的快速发展和城乡居民生活水平的逐步提高，农产品加工品的供求发生了很大变化，为推动农产品加工业发展创造了日益增长的消费市场和强大动力。吉林省农产品加工业的发展呈现出良好的势头，但在整体水平、竞争能力、科研能力、生产管理效率等方面仍存在一定的差距，农业大而不强，总体经济水平不高，农产品的生产加工能力和科研开发能力比较弱，从而制约了吉林省农民增收、农业增效和农村发展。

2.2.2　农产品加工企业技术创新情况

2.2.2.1　创新意识和创新能力方面

吉林省农产品加工企业创新意识和创新能力不断增强。农业龙头企业普遍把加强科技创新、保障产品质量安全作为企业生存发展重要目标，主动意识和投入水平均有所增强。截至 2018 年底，省级重点龙头企业科研经费投入达 18 亿元，在利润同比减少 7 亿元情况下，科研经费却同比增长近 0.4 亿元，科研经费占销售收入比重超过 1% 的龙头企业增加了 37%；208 家企业建有专门的研发机构，技术研发和推广人员 2.1 万人。省级龙头企业用于保障产品质量安全方面投入 3.8 亿元，239 家企业建有专门质检机构，86 家企业通过专业计量认证；134 家龙头企业获得"三品一标"认证，通过"三品一标"认证的产品比上年增加 70 个。

农业产业化龙头企业越来越认识到创新是提高企业核心竞争力的重要手段，创新能力不断增强。据调查统计，2019 年省级以上重点龙头企业科研经费投入达 20.2 亿元，92 家龙头企业建有国家级研发机构，获得省级以上科技奖励或荣誉数量 511 个，获得专利数量 1 045 个，技术研发人员 1.6 万余人。

2.2.2.2　技术研发人员情况

根据吉林省农业产业化办公室推荐，课题组选取 12 家有代表性的农业产业化重点龙头企业（按照粮食加工、畜产品加工、特产品加工等不同类型的企业各选取 4 家）进行实地走访调研。通过实地调研了解到，吉林省农产品加工企业的各类员工的数量及比例如表 2-1 所示，技术研发人员的学历构成如表 2-2 所示。

表 2-1　吉林省典型农业产业化国家级龙头企业技术人员比例

企业类型	公司名称	员工总数（人）	技术研发人员数（人）	占比（%）
畜产品加工业	广泽乳业有限公司	661	35	5.29
	吉林海资生物工程技术有限公司	259	22	8.49
	吉林华正农牧业开发股份有限公司	1 650	120	7.27
	吉林睿康生物科技有限公司	120	35	29.16
粮食加工业	德惠市山河米业有限公司	112	5	4.46
	吉林省恒昌农业开发有限公司	140	40	28.57
	吉林省农嫂食品有限公司	167	10	5.99
	吉林裕丰米业股份有限公司	357	20	5.60
特产品加工业	吉林敖东延边药业股份有限公司	916	79	8.62
	吉林华康药业股份有限公司	554	85	15.34
	吉林龙泰制药股份有限公司	350	102	29.14
	通化百泉参业集团股份有限公司	160	42	2.63

数据来源：实地调研。

从表 2-1 可以看出，吉林省农产品加工企业总体人员构成中，技术研发人员占企业总员工数的比例，大多数企业在 10% 以下，同时从企业的整体规模来看，技术研发人员的数量相对较少。可见，在农产品加工企业总体人员构成中，技术研发人员（包含研发人员与生产技术人员）所占比重较少，这无疑将对企业的创新能力的提升造成一定的限制。虽然以制药企业为主体的特产品加工业技术研发人员的比例相对较高，但就吉林省全省的农产品加工企业来看，尤以畜产品加工和粮食加工企业数量居多，因此吉林省农产品加工企业的技术研发情况相对还有很大的提升空间，技术创新能力有待提高。

从表 2-2 可以看出，在技术研发人员的学历构成方面，农产品加工企业主要技术研发人员学历的分布比例主要以专科和本科为主，其中大专人员占比 10% 以上的仅有 3 家，本科人员占比 10% 以上的仅有 5 家；硕士和博士的占比则很少，均在 1% 左右。可见，技术研发人员的总体学历较低，这一数据也反映出吉林省农产品加工企业的创新人才储备有限，缺乏高素质研发人才进行技术创新。

表 2-2　吉林省典型农业产业化国家级龙头企业技术研发人员学历构成

企业类型	公司名称	专科（％）	本科（％）	硕士（％）	博士（％）
畜产品加工业	广泽乳业有限公司	16.94	16.04	0.61	0.15
	吉林海资生物工程技术有限公司	9.65	6.18	0	0
	吉林华正农牧业开发股份有限公司	0.61	5.45	1.21	0
	吉林睿康生物科技有限公司	0.83	5.00	3.33	3.33
粮食加工业	德惠市山河米业有限公司	2.68	0.89	0	0
	吉林省恒昌农业开发有限公司	28.57	42.86	0.71	0
	吉林省农嫂食品有限公司	4.20	5.99	1.98	0
	吉林裕丰米业股份有限公司	0.28	0.00	0	0
特产品加工业	吉林敖东延边药业股份有限公司	23.69	26.09	1.53	0
	吉林华康药业股份有限公司	7.58	6.68	1.08	0
	吉林龙泰制药股份有限公司	8.00	10.28	0.29	0
	通化百泉参业集团股份有限公司	8.75	13.13	0.63	3.75

　　数据来源：实地调研。

2.2.2.3　研发资金投入情况

　　吉林省典型农业产业化国家级龙头企业研发费用投入情况如表 2-3 所示。从表 2-3 可以看出，企业的研发投入比例很低，容易造成企业研发能力弱的局面，不重视科技的研发，在与国内外同行的市场竞争中往往处于不利地位。因此，企业如果想获得长久的发展，提高自己的市场地位，必须加大研发投入。同时，企业与高校、科研机构的合作不密切，企业自身的丰富资源没能被合理利用，高等院校、科研机构、项目孵化园研发的优秀科研项目也没有较好落实，没有完全发挥出企业的开发能力。总之，研发资金投入低，产学研合作不紧密，都将制约吉林省农产品加工企业的健康发展。

表 2-3　吉林省典型农业产业化国家级龙头企业研发费用投入情况

企业类型	公司名称	销售总额（万元）	研发费用投入额（万元）	占比（％）
畜产品加工业	广泽乳业有限公司	43 629.04	105.11	0.24
	吉林海资生物工程技术有限公司	11 000	360	3.27
	吉林华正农牧业开发股份有限公司	260 171	980	0.38
	吉林睿康生物科技有限公司	9 905	322	3.25

（续）

企业类型	公司名称	销售总额（万元）	研发费用投入额（万元）	占比（％）
粮食加工业	德惠市山河米业有限公司	20 300	7	0.34
	吉林省恒昌农业开发有限公司	4 000	1 000	25
	吉林省农嫂食品有限公司	5 231.58	17	0.32
	吉林裕丰米业股份有限公司	29 000	200	0.69
特产品加工业	吉林敖东延边药业股份有限公司	77 675	2 341	3.01
	吉林华康药业股份有限公司	46 305	1 825	3.94
	吉林龙泰制药股份有限公司	12 000	480	4
	通化百泉参业集团股份有限公司	12 110	169	1.39

数据来源：实地调研。

2.2.2.4 科研产出情况

企业的科研投入与科研产出情况是衡量一个企业创新能力的重要指标，如表 2-4 所示，吉林省农产品加工企业的专利数量总体较少，用申请专利数、获得专利数以及投产专利数三个指标来衡量，很多企业在申请专利数中有一定的比例，但是获得与投产的专利数却是 0，由此可见，在核心技术的掌握上，省内农产品加工企业的自主创新之路任重道远。

表 2-4 吉林省典型农业产业化国家级龙头企业专利数量情况

企业类型	公司名称	申请专利数（个）	获得专利数（个）	投产专利数（个）
畜产品加工业	广泽乳业有限公司	1	0	0
	吉林海资生物工程技术有限公司	1	1	1
	吉林华正农牧业开发股份有限公司	1	0	0
	吉林睿康生物科技有限公司	2	0	0
粮食加工业	德惠市山河米业有限公司	3	0	0
	吉林省恒昌农业开发有限公司	8	8	8
	吉林省农嫂食品有限公司	1	0	0
	吉林裕丰米业股份有限公司	0	0	0
特产品加工业	吉林敖东延边药业股份有限公司	0	0	0
	吉林华康药业股份有限公司	0	0	0
	吉林龙泰制药股份有限公司	2	3	3
	通化百泉参业集团股份有限公司	3	0	1

数据来源：实地调研。

表 2-5 显示的是吉林省农产品加工企业自主创新产品数量情况。从表中数据看，企业自主创新产品数量呈现出一个十分极端化的情况，粮食加工业的企业自主创新产品数量占比很大，均在 15％以上，但是畜产品加工业和特产品加工业的自主创新产品则比较少。因此，从产出能力来看，企业自主创新能力和投入就显得尤为重要，自主创新产品的品牌效应同样也会对企业的未来发展产生较大影响。

表 2-5　吉林省典型农业产业化国家级龙头企业自主创新产品数量情况

企业类型	公司名称	总产品（个）	自主创新产品（个）	占比（％）
畜产品加工业	广泽乳业有限公司	196	60	30.61
	吉林海资生物工程技术有限公司	0	0	0
	吉林华正农牧业开发股份有限公司	4	0	0
	吉林睿康生物科技有限公司	112	4	3.57
粮食加工业	德惠市山河米业有限公司	3	3	100
	吉林省恒昌农业开发有限公司	18	8	44.44
	吉林省农嫂食品有限公司	3	1	33.33
	吉林裕丰米业股份有限公司	6	1	16.67
特产品加工业	吉林敖东延边药业股份有限公司	238	0	0
	吉林华康药业股份有限公司	117	0	0
	吉林龙泰制药股份有限公司	54	0	0
	通化百泉参业集团股份有限公司	82	1	1.22

数据来源：实地调研。

2.3　吉林省农业科技园区技术创新现状

2.3.1　农业科技园区发展情况

2.3.1.1　整体建设情况

吉林省依照总体布局和区域特色，现建有 7 个省级农业科技园区，其中 6 个获批建设国家级农业科技园区，其建设及发展现状见表 2-6。

表 2-6　吉林省国家级农业科技园区总体情况一览表

园区名称	批准时间	核心区面积（万亩）	主导产业
公主岭国家农业科技园区	2001 年	2.994	农产品加工（水稻、玉米、大豆）

（续）

园区名称	批准时间	核心区面积（万亩）	主导产业
松原国家农业科技园区	2012 年	0.201	粮食综合生产、农产品加工—物流、畜禽养殖
延边国家农业科技园区	2013 年	45	大米加工、黄牛养殖加工、朝鲜族特色食品加工
通化国家农业科技园区	2013 年	56.7	中药健康和特色资源深加工
白山国家农业科技园区	2016 年	89	长白山山黑猪等特种经济动物繁育养殖、人参五味子等中药材和长白山绿色食品种植加工、生态观光旅游、矿泉水保护开发
辽源国家农业科技园区	2018 年	32.7	有机绿色种植（水稻、玉米、杂粮杂豆、蔬菜）、休闲生态农业观光旅游

数据来源：实地调研。

公主岭国家农业科技园区于 2001 年 9 月获批，是全国首批确定的 21 个国家农业科技园区（试点）之一，也是吉林省建设时间最早的国家农业科技园区。2013 年园区调整了核心区，目前园区建设划分为个 3 区域，即核心区、示范区、辐射区，其中核心区域面积达 2.994 万亩，由响水镇的万山、四合、龙泉三个村组成。此外，公主岭园区依托省农科院，在核心区建立了包括迎新产业园、石人绿色生态示范园、稻田养蟹基地、生物防治基地等 15 个示范带动产业园和示范基地。

松原国家农业科技园区原名为松原农业高新技术开发区，于 2012 年被批准为国家级的农业科技园区，园区位于松原市，总面积达 204 平方公里，是吉林省最大的农业产业园区。目前园区已经形成 3 区 6 园的建设格局，其中三区为核心区、示范区和辐射区，6 园是指 6 个功能性园区，包括粮食综合生产示范园、农产品加工物流园等。园区内总耕地面积 13 000 公顷，人口 41 000 人，以粮食综合生产、农产品加工物流、畜禽养殖为主导产业，园区成立以来为带动当地经济增长做出了一定贡献。

延边国家农业科技园区于 2013 年 9 月获批，园区坐落于"长吉图"区域，也是该区域中唯一的农业科技园区。目前园区建设划分为个 3 区域，即核心区、示范区、辐射区，其中，核心区域位于龙井市，面积达 45 万亩，包括龙井市东盛涌镇的全部镇域，智新镇的龙丰村、龙明村、光新村、龙江村、龙池村、工农村、新安村 7 个村域；示范区为延边朝鲜族自治州除核心区范围以外的全部州域，总面积 42 400 平方公里；辐射区涵盖延边朝鲜族自治州的周边区域，包括牡丹江市、吉林市、白山市等国内附近区域以及俄罗斯、朝鲜等国外地区。延边国家农业科技园区以"延边大米、延边黄牛、朝鲜族特色食品加工"为主导产业，努力建设延边地区现代农业科技成果转化基地、现代农业新兴产业孵化基地、现代农业科技企业创新基地、农村科技特派员创业基地和农村人才培养基地五大基地。

通化国家农业科技园区于 2013 年 8 月获批。园区以吉林集安经济开发区为核心区，占地面积 56.7 万亩，包括长白山中药健康产业园、长白山特色资源深加工园、农业高新技术研发与成果展示园、农业高新技术创新创业园、物流贸易中心。示范区总面积 390 万亩，共有 4 个示范基地：人参五味子产业示范基地、蜂产品产业示范基地、山葡萄产业示范基地、中国林蛙产业示范基地。辐射区总面积为 453.3 万亩。园区围绕长白山中药健康和特色资源深加工两大产业，构建现代特色农业产业体系，为长白山生态区域农业发展提供有力的科技支撑和服务。

白山国家现代农业科技园区原名为抚松农业科技园区，于 2016 年初获批为国家级农业科技园区。基于园区发展需求，根据园区地貌、资源优势、产业布局等特征，以抚松新城、万良及兴参部分区域为核心区，打破行政区划，整合包括泉阳、兴参、露水河等乡镇的中心发展区域的农业资源，规划建设了白山国家现代农业科技园区。目前，围绕园区主导产业，推进园区"品牌培育、品牌管理、品牌示范、品牌联动"工作，打造"一园一特色""一基地一景观"的现代生态农业发展格局。

辽源国家农业科技园区于 2018 年 12 月 10 日获批为国家农业科技园区，园区位于中国七大水系东辽河发源地，地处东辽县东南部，距东辽县城 45 公里，距辽源市区 35 公里。面积 63 万亩，总耕地面积 1.4 万公顷，森林覆盖率达 47%，是国家级公益林保护区。辽源国家农业科技园区下辖两个社区、38 个行政村，总人口 42 427 人。2019 年 4 月 22 日辽源国家农业科技园区建设工作领导小组第一次会议召开，确定了园区以东辽县辽河源镇为核心区。

2.3.1.2　主要工作进展情况

（1）相继出台园区发展政策

吉林省各园区结合地域和资源特点，立足区位优势，先后制定多项政策规划，有效支撑和推动了园区可持续发展。通化、集安市政府及园区管委会先后出台了《关于加快推进医药健康产业发展的实施意见》《关于加快人参产业发展的实施意见》和《吉林通化国家农业科技园区招商引资优惠政策》等扶持政策，在资金支持、土地使用、招商引资等方面给予园区政策支持；公主岭国家农业科技园区制定实施了《新农创业园发展战略方案》，搭建智慧农业、生态农业、精准农业、休闲农业的新平台；白山国家农业科技园区实施了《抚松县"十三五"电子商务发展规划》《抚松电子商务园区发展战略规划》及《长白山商旅电商平台》三个规划，为抚松电子商务发展铺平了道路。

（2）不断完善组织管理和运行机制

按照"政府指导、企业运作、中介参与、农民受益"的总体要求，各园区对技术、资金、人才、资源、市场等进行了有效整合，形成了多元化、多渠道、多层次筹措园区建设发展资金的投融资体制。高度重视聚集各类科教资源，推进"产学研用创"紧密结合，逐步完善和鼓励园区内各类研发机构建设，积极与大专院校、科研院所建立科技合作关系，签订合作协议，大力开展技术引进、技术指导、技术培训、技术咨询，以及与生产单位合作建立示范基地、试验点等工作，不断健全新型农业科技服务体系，以人才引进、利用市场引导机制等有吸引力的具体运行机制，促进了园区快速健康发展。

（3）围绕主导产业，不断推动园区科技创新

围绕园区主导产业，坚持科技引领、产业带动的原则，在加强农业科技的创新、孵化和推广的同时，延伸产业链条，构建科技含量高、三次产业联动的现代农业产业体系，打造科技支撑引领、产业示范带动的国家农业科技园区。建设中坚持科学规划，合理确定园区的产业和空间布局，优化用地结构，节约利用土地，加快土地流转，积极发展家庭农场、专业合作社、种养大户和涉农企业，促进园区农业集约化、规模化、产业化和现代化。国家农业科技园区坚持以工业化理念谋划农业，学习高新区建设模式，以科技创新、机制和体制创新为动力，增强自主创新能力，转变农业发展方式，争取园区工业化、信息化、城镇化、农业现代化同步发展。

2.3.2　农业科技园区技术创新情况

农业科技创新对农业经济发展具有推动作用，农业科技园区作为探索农业科技体制机制改革创新的重要载体有助于加快我国建设创新型国家。为了充分了解吉林省农业科技园区的技术创新现状，结合实际调研情况，从园区的入驻企业数量及类型、科研机构及创新人才、引进推广及科技成果转化、技术培训及科普、园区产业产值及示范带动能力等方面对园区的创新投入基础、科技创新水平、创新取得成绩及经济带动效果进行分析。

2.3.2.1　入驻企业数量及类型

近年来，入驻吉林省国家农业科技园区的企业数量不断增加，其中高新技术企业和涉农高新技术企业是农业科技创新活动的重要参与者。园区企业的不断发展不仅为园区科技创新活动所需的资金、研发设备与技术条件提供了保障，也对延长产业链、促进一二三产业融合发展起到了推动作用，从而奠定了园区发展基础。

截至 2018 年，入驻吉林省国家农业科技园区的企业共计 446 家（图 2-1，各园区名称采用简化方式表示），其中上市企业 10 家、高新技术企业 40 家、涉农高新技术企业 13 家。入驻公主岭国家农业科技园区的企业共计 42 家，其中高新技术企业 4 家、涉农高新技术企业 4 家；入驻松原国家农业科技园区的企业目前共有 78 家，但无高新技术企业和涉农高新技术企业入驻；入驻延边国家农业科技园区核心区的企业共计 164 家，其中上市企业 1 家、高新技术企业 1 家，另外，涉农企业 51 家、产业化龙头企业 37 家；入驻通化国家农业科技园区核心区企业共计 143 家，其中上市企业 9 家、高新技术企业 35 家、涉农高新技术企业 9 家；入驻白山国家农业科技园区的企业共计 19 家。

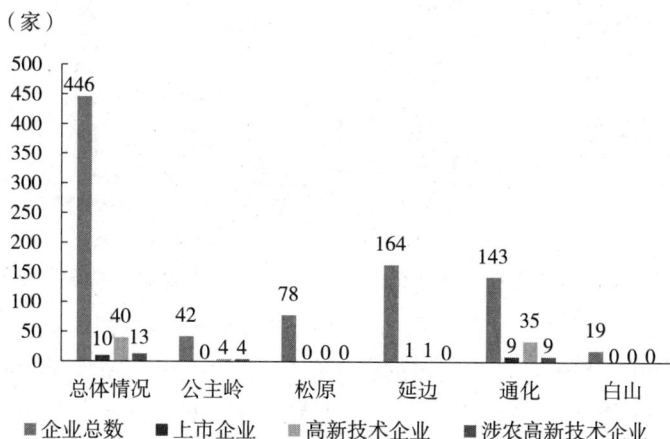

图 2-1　2018 年吉林省国家农业科技园区入驻企业情况

2.3.2.2　科研机构与创新人才情况

吉林省国家农业科技园区注重产学研相互融合及技术研发的平台搭建。依托省州（市）农科院及园区周边大学等科研单位，综合运用科技服务体系建设资金，园区同有关企业联合开展农业技术研发，为推动吉林省农业科技创新发展起到了一定促进作用。2018 年吉林省国家农业科技园区合作科研单位、入驻科研单位以及研发机构数量如图 2-2 所示；2018 年吉林省国家农业科技园区研发人员及科技特派员数量情况如图 2-3 所示。

（个）

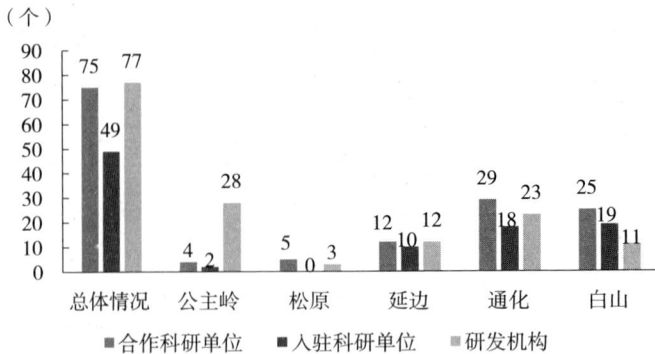

图 2-2　2018 年吉林省国家农业科技园区合作科研单位、入驻科研单位以及研发机构数量

（人）

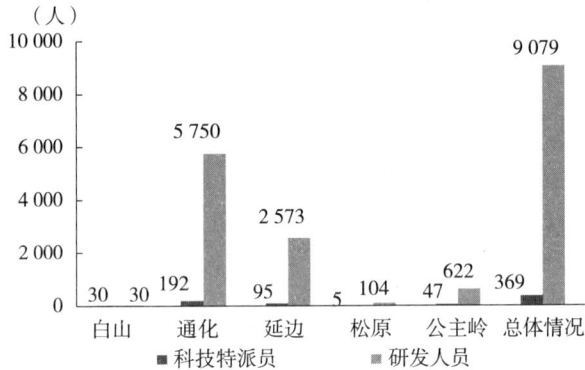

图 2-3　2018 年吉林省国家农业科技园区研发人员及科技特派员情况

通过图 2-2 和图 2-3 可见，目前与吉林省国家农业科技园区建立协作关系的科研单位共计 75 个，入驻园区的科研单位共计 49 个，研发机构共计 77 个，研发人员达 9 079 人，科技特派员达 369 人。与公主岭国家农业科技园区建立协作关系的科研单位共计 4 个，入驻园区的科研单位 2 个，研发机构 28 个，研发人员 622 人，科技特派员达 47 人；与松原国家农业科技园区的建立协作关系的科研单位共计 5 个，园区共有研发机构 3 个，研发人员 104 人，入驻科技特派员 5 人；延边国家农业科技园区现已初步建立了以延边大学、延边朝鲜族自治州农业科学院、延边朝鲜族自治州林业科学院为中心，企业研发中心相结合的农业科技创新体系，园区科技创新力量不断提升，与延边国家农业科技园区建立协作关系的科研单位共计 12 个，其中入驻园区的科研单位 10 个，研发机构 12 个，研发人员 2 573 人，入驻园区科技特派员达 95 人；通化国家农业科技园区与吉林省人参研究院、通化师范学院、吉林大学药学院通化分院、

通化市农业科学研究院、通化市农机设计研究院、通化市园艺研究所、集安市人参研究所等 29 个科研单位，保持长期稳定的技术开发合作关系，其中入驻园区的科研单位 18 家，研发机构 23 个，研发人员达到 5 750 人，科技特派员达 192 人，园区内企业共承担国家、省、市级科技计划项目 14 项，获得市科技资金资助 3 120 万元；白山国家农业科技园区自成立以来，共有 25 家科研单位与园区建立了良好的协作关系，其中入驻园区的科研单位有 19 家，研发机构 11 个，研发人员共计 30 人，科技特派员 30 人。

2.3.2.3　承接技术创新与科技成果转化情况

2018 年 1 月，科技部、农业部、水利部、国家林业局、中国科学院、中国农业银行共同制定《国家农业科技园区发展规划（2018—2025 年）》，提出国家农业科技园区是承接技术创新，加快农业科技成果转化的重要平台。吉林省国家农业科技园区为推动科研成果转变为现实生产力，改变农民生产生活方式做出了巨大贡献。

2018 年吉林省国家农业科技园区全年引进建设及科技项目共计 230 项，其中公主岭国家农业科技园区 90 项、松原国家农业科技园区 91 项、延边国家农业科技园区 8 项、通化国家农业科技园区 24 项、白山国家农业科技园区 17 项；开发建设及科技项目共计 174 项（图 2-4），其中公主岭国家农业科技园区 49 项、松原国家农业科技园区 91 项、延边国家农业科技园区 8 项、通化国家农业科技园区 16 项、白山国家农业科技园区 10 项。

2018 年吉林省国家农业科技园区全年引进新技术 33 项，引进新品种 48 个，引进新设施 50 个；全年推广新技术 37 项，推广新品种 74 个，推广新设施 50 个（图 2-4）。其中公主岭国家农业科技园区全年引进新技术 7 项、新品

（项或个）

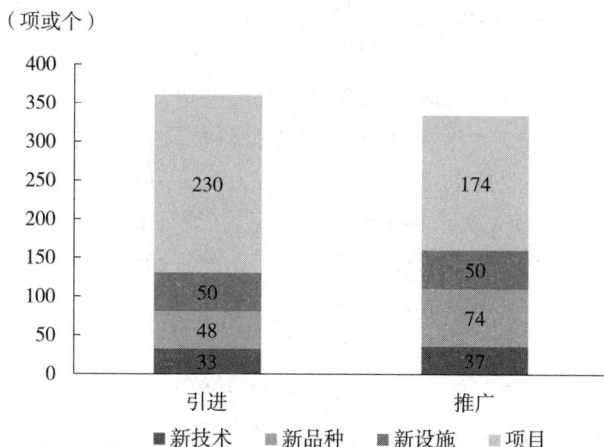

图 2-4　2018 年吉林省国家农业科技园区引进及推广新技术、新品种、新设施情况

种 19 个、新设施 2 个，推广新技术 9 项、新品种 45 个、新设施 2 个；松原国家农业科技园区 2018 年全年引进新技术 5 项、新品种 5 个，推广新技术 10 项、新品种 8 个；通化国家农业科技园区 2018 年全年引进新技术 13 项、新品种 16 个、新设施 6 个，推广新技术 10 项、新品种 13 个、新设施 6 个；白山国家农业科技园区 2018 年全年引进新技术 8 项、新品种 8 个、新设施 42 个，推广新技术 8 项、新品种 8 个、新设施 42 个。

2018 年，吉林省农业科技园区专利审批数量全年共计 469 个，其中发明专利数 80 个；科技成果转化数量全年共计 39 个（图 2-5）。

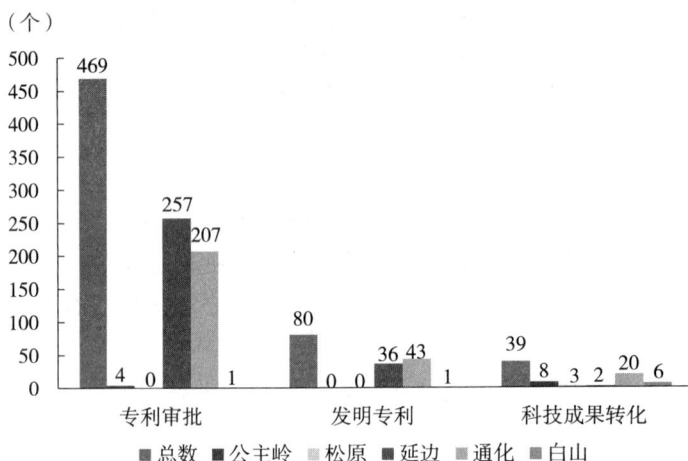

图 2-5　2018 年吉林省国家农业科技园区专利审批、专利发明及科技成果转化情况

2.3.2.4　对当地农民科普及带动情况

吉林省国家农业科技园区通过技术培训及科普资料发放等形式就种植技术、农产品销售等对当地农户提供帮助，从而提升农民素质，对推动其核心区、示范区、辐射区农民快速、稳步增收起到促进作用。

如表 2-7 所示，2018 年吉林省国家农业科技园区对当地农户发放科普资料 3 万余份，园区农业技术培训达 7.343 万人次，其中公主岭农业科技园区农业技术培训达 1.98 万人次、松原农业科技园区农业技术培训达 0.16 万人次、延边农业科技园区农业技术培训达 0.183 万人次、通化农业科技园区农业技术培训达 4.8 万人次、白山农业科技园区农业技术培训达 0.22 万人次。年度接待参观考察 1.8 万人次，其中公主岭农业科技园区年度接待参观考察达 0.4 万人次、松原农业科技园区年度接待参观考察达 0.18 万人次、延边农业科技园区年度接待参观考察达 0.4 万人次、通化农业科技园区年度接待参观考察达 0.6 万人次、白山农业科技园区年度接待参观考察达 0.22 万人次。全年带动当地农户人数共计 19.09 万人，其中，公主岭农业科技园区带动当地农户人数达 3.28 万人，园区农民人均可支配收入达 3.211 7 万元，比所在地级市农民人均可支配收入高 0.961 7 万元；松原农业科技园区带动当地农户数达 2 万人，园区农民人均可支配收入达 1.15 万元，比所在地级市农民人均可支配收入高 0.052 4 万元；延边农业科技园区带动当地农户数达 0.11 万人，园区农民人均可支配收入达 1.47 万元，比所在地级市农民人均可支配收入高 0.48 万元；通化农业科技园区带动当地农户数达 12.5 万人，园区农民人均可支配收入达 1.725 8 万元，比所在地级市农民人均可支配收入高 0.535 5 万元；白山农业科技园区，带动当地农户数达 1.2 万人，园区农民人均可支配收入达 1.785 万元，比所在地级市农民人均可支配收入高 0.471 万元。

表 2-7　2018 年吉林省国家农业科技园区科普及农户带动情况

园区名称	技术培训（人次）	年度接待参观考察（人次）	带动农户人数（人）	园区农民人均可支配收入（元）	所在地级市农民人均可支配收入（元）
公主岭	19 800	4 000	32 800	32 117	22 500
松原	1 600	1 800	20 000	11 500	10 976
延边	1 830	4 000	1 100	14 700	9 900
通化	48 000	6 000	125 000	17 258	11 903
白山	2 200	2 200	12 000	17 850	13 140

数据来源：吉林省科技厅。

第3章
吉林省农业科技创新存在的主要问题

3.1 吉林省涉农高校、科研院所农业科技创新存在的主要问题

3.1.1 涉农高校、科研院所农业科技源头创新能力不足

吉林省涉农高校、科研院所农业科技源头创新能力不足表现在农业科技创新人才和创新资金投入不足、科研经费欠缺、成果转化风险投资机制尚未形成，影响了农业科技源头创新的持续发力和产学研用协同创新能力。

吉林省现有各类农业科研机构、高等院校 112 家，涉农国家级和省级重点实验室（研究中心或基地）68 个，各类专业技术人员 102.5 万人，涉农中国工程院院士 3 人，形成了农业科技创新和转化的基础力量，在技术创新、技术吸收、承接创新、消化创新以及应用和产业化方面发挥了积极作用。但必须看到，当前农业科技创新能力与农业农村发展需求还有很大差距。在涉农高校中，吉林农业大学的农业科技创新能力比较强，2015—2019 年，科研到位经费累计 8.43 亿元，但较之南方省属高校仍有很大差距。吉林省农业科学院作为吉林省涉农科研院所中农业科技成果产出和转化最多的单位，也存在科研经费短缺的现象。从根本上说，这与吉林省农业科技总投入占比低有关。

据周杨（2018）调研，吉林省农业科技人员由 2011 年的 13 902 人增加到 2015 年的 14 861 人，增长率为 6.9%；农业科技人员占农业人口的比重由 2011 年的 0.107 7% 上升到 2015 年的 0.119 7%，虽有所增长，但比重刚过千分之一。2011 年，吉林省农业科技研发项目经费为 1.3 亿元，2015 年这一数值增长到了 2.47 亿元，短短五年农业项目的科技经费支出增加了近一倍。但农业科技资金投入占科技事业总投入的比例依然较低。根据吉林统计年鉴数据，从研发经费支出来看，2011 年，吉林省研发经费总支出为 93.48 亿元，涉及农业领域研发项目经费占研发经费总支出的比重为 1.39%，而到了 2015 年，吉林省研发经费总支出为 141.41 亿元，涉及农业领域研发项目经费占研发经费总支出的比重为 1.75%。总体来看，吉林省农业科技投入占比较低，

这也导致涉农高校、科研院所农业科技源头创新投入不足。

同时，农业科技创新与成果转化风险投资机制尚未建立，使得从市场吸收资金的渠道被堵死。科技研发经费短缺，而成果转化经费更加短缺。一般来说，农业科技成果转化需要经过基础研究、中试测验和市场检验三个环节，理论上，所需资金的投入比例为1：15：130，而吉林省仅为1：2.5：110，实际用于成果转化的资金投入远没有理论上应投入的多。根据从吉林省科技厅收集到的数据显示，2015年吉林省农业科技成果转化项目资金投入中，风投资金占比仅为9%，而在农业科技实力较强的美国，这一数值达到了50%以上。

3.1.2 涉农高校、科研院所农业科技创新激励机制不完善

农业科研机构分为营利性的科研机构（如农业科技企业）和非营利性的科研机构（如高等院校和科研院所）。由于企业的最终目标是利润最大化，因此，企业必定会依据营销理论去迎合市场需求，根据市场的需要制定政策方针。农业科技企业也不例外，为了盈利，在研发农业科技成果时，提供符合市场需求的农业科技成果是其获利的重要途径。因此，对于农业科技企业研发机构而言，其存在一种内在的以市场为导向的激励机制。而高等院校和科研院所是由政府出资设立的，不以营利为目的的事业单位，其内部并不存在如企业一样的激励机制，在资源的获取上对政府的依赖性较强、对市场的获取力度较小，在农业科技成果转化和科研人员获利方面遇到较大阻碍，进而影响科研人员的研发积极性。

通过调研了解到，从事可以商业化的农业科技成果研发的科研人员，由于可以通过成果转让收入再分配获得较好的经济收益，激励机制的制定阻碍较小且完善。但是，相对于从事一些社会经济效益显著却不能商业化的成果研发的农业科研人员，激励机制还较为欠缺。如从事大豆、花生、高粱和水稻等自交育种后农民可以自留种的科技人员，育出的新品种一旦进入市场，商业价值并不高，也没有企业愿意生产和销售这类种子。同时，对于高校科研人员而言，他们的奖励措施主要是依据发表论文的数量和影响因子，导致科研人员过度追求文章的深度和创新性，而忽视了实际应用性。

农业科技创新激励机制还存在重科研而轻转化和推广现象。尽管高校与科研院所对农业科技创新的成果奖励和利益分配方式不断改善，但是农业科技成果转化过程中的管理人员和推广人员的奖励制度仍有欠缺。农业科技成果的管理人员和推广人员本身稀缺，加之农业科技推广激励机制与科研激励机制不同，往往弱于后者或难以评价，容易导致成果丰富，但是转化率低，阻碍了农业科技创新的发展。2018年度，吉林省农业科研院所现代农业领域共立项215

项，占据农林牧副渔领域立项的 76.79％，但转化不足。

3.1.3 涉农高校、科研院所农业科技创新成果与市场需求不符

农业科技创新包括农业科技成果的研发、转化和技术推广。农业科技成果研发是农业科技创新的源头，农业科技创新产生实际经济效益重点还在于农业科技成果的转化和技术推广。

根据国家科技成果网前 100 农业科研院所排名可以看出，吉林省农业科技成果大多来自高校和科研院所。农业企业则是农业科技成果的主要需求方，在科研团队人才不足的现状下，农业企业求贤若渴，而愿意进入企业的农业科技人才稀缺。而且，科研院所和高等院校的农业类科技研究成果往往实际可操作性弱或不符合市场中的实际需求。部分科研人员只为提高职称和升职加薪，没有对科技成果如何应对市场需求进行调研，这些人所进行的科学研究只是停留在理论上，未应用于社会实践，也不能为企业服务。很多农业科技成果只能束之高阁，没有任何实际用处。这些已经耗费了大量的人力与物力的研究却不能应用于经济实践，使国家蒙受了严重的资源浪费。

农业科技成果转化过程中，中介机构是连接供给与需求双方，传递市场信息，促进产学研合作的重要桥梁。以 2017 年为例，吉林省农业科技成果转化率仅为 36％，低于全国平均水平，与发达国家相比更是相去甚远（周杨，2018）。吉林省农业科技成果转化率较高的单位是吉林省农业科学院，其农业科技成果转化率超过 50％，但也低于欧美等高达 70％～80％的比率。纵观世界发达国家，以色列不仅有完善的农业科技开发机构，更有配套的推广中介和人才培训，尤其针对农业科技成果的接受者除部分涉农企业外均为农民的特殊性，建设有众多的中介机构，以加强对小企业和农民的农业科技知识和技能培训。农业科技成果转化中介机构的职责包括传播科技信息、提供交流平台等，能够将高校与科研院所等研发的农业科技成果有效介绍给涉农企业和农民推广使用。同时，中介机构平台的做大做强不仅能加强自身经济收益，更能在完善推广农业科技成果体系过程中承担重要角色。但是，吉林省的农业科技成果转化媒介还不够充足，现有的"12316"和"12396"的科技信息网络平台建设仍需加强。

3.2 吉林省农产品加工企业技术创新存在的主要问题

3.2.1 农产品加工企业技术创新意识不强

3.2.1.1 企业家创新精神不足

在市场经济环境下，现代企业注重经营管理工作，企业的创新活动不仅仅

是一个技术问题，也是企业的经营管理问题。一些农产品加工企业的技术创新意识不强，首先反映在企业家的创新意识上，由于企业家对技术创新认识不到位，以至于对技术创新不够重视，进而导致对企业技术创新的人才、资金投入很少。

第一，创新挑战意识衰退。随着经济下行压力的加大，农产品加工企业的大多数企业家不愿再冒险和创新，从敢于拼搏、勇于开拓，变得有些瞻前顾后、消极等待。一些企业家不重视企业的创新升级，导致研发投入不足，创新人才匮乏，更有甚者，热衷抄袭、模仿，导致技术创新停滞不前，严重影响了企业、产品在世界上的形象。

第二，创业热情降低。一些民营企业家发展实业的信心不足，惰性思想不断膨胀，安于现状，创业热情降低，其突出表现为对创新改进技术、管理制度、商业模式的兴趣不大；一些企业则把精力放在扩大生产规模和加大低廉要素的投入力度上。

第三，文化氛围的影响。东北地区的居民相对缺乏商业意识、竞争意识和创新意识，不敢冒尖，相对于经济活跃地区，出现了更多的"羊群行为"。人们这种倾向于稳定的生活，保守及缺乏创新和冒险精神的行为特征实质上是缺乏企业家精神的表现，是受到了区域文化的影响。另外，东北的文化环境由于缺少对商业活动中"契约精神"的关注，更加注重"关系"，也对企业家精神的发挥产生了抑制作用。

创新能力排名是评价企业家精神的重要途径，2019 年东北地区三个省的创新能力在全国的排名如表 3-1 所示。

表 3-1　2019 年各地区创新能力排名及变化

地区	2019 年排名	2018 年排名	变化	地区	2019 年排名	2018 年排名	变化
广东	1	1	0	四川	11	11	0
北京	2	2	0	湖南	12	13	−1
江苏	3	3	0	陕西	13	12	+1
上海	4	4	0	福建	14	14	0
浙江	5	5	0	河南	15	15	0
山东	6	6	0	海南	16	18	−2
天津	7	9	−2	辽宁	17	19	−2
重庆	8	7	+1	贵州	18	16	+2
湖北	9	8	+1	河北	19	20	−1
安徽	10	10	0	广西	20	21	−1

（续）

地区	2019 年排名	2018 年排名	变化	地区	2019 年排名	2018 年排名	变化
江西	21	17	+4	宁夏	27	23	+4
云南	22	22	0	黑龙江	28	28	0
青海	23	24	−1	山西	29	26	+3
吉林	24	27	−3	内蒙古	30	30	0
甘肃	25	25	0	西藏	31	31	0
新疆	26	29	−3				

数据来源：《中国区域创新能力评价报告（2019）》。

创新能力的排名反映出企业家精神的发挥，究其原因，主要是受到区域文化的影响。具体来说，一方面受农业文化的影响，东北地区的人更强调血缘和亲情关系，交际范围相对较小，因此，整个区域的信息不对称程度相对较高；另一方面，在农业文化的影响下，人们有着较高的"后悔厌恶"，害怕失败，更偏好于稳定保守，不乐于积极参与机会的发现和创新的行为当中。此外，由于商业意识的缺乏，在商业活动和创新方面的知识与经验积累也是匮乏的。这几方面都体现了农产品加工企业企业家的创新精神不足。

3.2.1.2 企业创新动力不足

一些农产品加工企业对于企业技术创新的认识不到位，缺乏内在的动力，影响企业在技术创新中主体作用的发挥，导致企业各方面的创新活动遭遇障碍，使得企业创新事业难以有效开展。

造成这种局面，很大程度上是因为企业技术创新投入少，没有成为真正的创新主体。创新需要大量投入，而投入又不能很快得到相应回报，创新必然影响企业的利润，创新的投入产出方式在很大程度上会对企业创新动力产生影响。目前，大多数农产品加工企业的优势仍停留在劳动力和资源使用的低成本上，因此，这些企业在创新中规模、技术、资金管理方面就受到了很大的制约，与低成本的劳动力和资源相比，创新较高的成本弱化了企业自主创新的内在动力，致使企业创新能力大大降低。

投入不足是表象，本质还是在于创新动力的缺失。许多农产品加工企业在思想认识上有差距，还没有真正认识到"创新是灵魂"，创新不仅是国家强盛之本，更应该是企业走出困境实现振兴之本。高投入、高风险、周期长使许多企业缺乏自主创新勇气，不敢投入大量资金进行技术创新。目前一些企业还缺乏自有优势技术和专利技术，没有意识到培育和发展企业核心能力是企业成功进行技术创新、建立与保持竞争优势的关键所在。

3.2.2　农产品加工企业技术创新水平不高

3.2.2.1　生产设备技术创新水平不高

先进的技术装备是提升农产品加工品质，打造深加工品牌的重要保障。吉林省农产品加工企业技术储备和研发能力不足，一些企业没有系统的加工生产线，生产的损耗严重，农产品加工转化的效率低，农产品产后的加工损耗明显。吉林省作为农业大省，大宗农产品的烘、储等技术设施相对薄弱，农产品营养及活性物质的提取技术装备水平不高，果皮、菜渣、秸秆等农产品副产物的综合利用设备缺乏，资源浪费问题突出，而且对环境带来了一定的破坏。由于缺乏技术装备的支撑，吉林省农产品深加工的水平低于全国平均水平，农产品初级加工较多，如玉米、水稻等深加工程度不高，产业链条短；畜禽加工业多以半成品为主，专业化程度不高，不利于农产品加工业的转型升级。生产设备技术创新水平不高严重制约着吉林省农产品加工业的市场竞争力，也难以满足人们对高品质加工产品的需要。虽然，当前很多企业认识到技术装备对于发展的重要性，但由于在资金、人才方面的储备不足，致使技术装备的推广和应用效果不好，技术的研发和转化难度大，设备的更新和技术的改造难以实现。

3.2.2.2　重技术引进，轻消化吸收，缺乏自主创新能力

伴随着现代社会经济的快速发展，产品更新换代速度惊人。同时，在企业开辟新领域的道路上，一个新的产品在短期内又会被另一个更加新颖的产品所替代，创新周期相当短暂，创新机会也越来越少。这样，企业竞争"优胜劣汰"的决定性因素已由过去的资本实力转变为创新能力。企业发展的实质是一个不断进行创新的过程，创新已经成为当代企业生存和发展的核心，在这其中，通过对他人创新成果的吸收来推动自主创新更是成为创新驱动中的重中之重，对于企业创新能力的提高起着至关重要的作用。

然而，长期以来，绝大多数吉林省农产品加工企业仅仅是重视外来技术的引进，对进口技术的消化、吸收与再创新没有给予足够的重视，忽视了技术引进与消化吸收协调发展的重要性。国际经验表明，对于进口的每 1 美元技术，企业需要配套 2～5 美元来消化与吸收。据日本工业技术院机械技术研究所在 20 世纪 60 年代中期对日本技术进口和技术吸收支出的调查，日本机械工业研究支出的 16.9% 用于外部进口，而 68.1% 的支出用于消化吸收，重视对进口技术的消化、吸收与再创新使日本快速挤进世界经济强国之林。

在吉林省农产品加工企业中，绝大多数企业还是习惯于吸收和引进国外先进的科学技术，并在此基础上进行自身技术的创新，而不从根本上对其进行消化和研究，没有将引进模仿的制造技术进行深入了解使其与企业发展的实际情

况相适应。缺乏对引进技术进行消化、吸收与再创新的体制和机制，阻碍了吉林省农产品加工企业的创新步伐。

3.2.3 农产品加工企业技术创新资金投入不足

吉林省农产品加工业缺乏科技创新能力和先进技术的支撑，究其原因，主要是技术创新资金投入不足。吉林省在 R&D 人员、专利申请数量以及全社会 R&D 经费投入占 GDP 比重均低于东北的辽宁和黑龙江，远低于北京、上海等地。我国目前农业科技研究经费 80% 投放在农业生产领域，造成农产品加工领域研究经费短缺，研究设备和研究手段落后。而世界发达国家都注重产后加工领域技术开发，美国 70% 的科研经费用在这方面。

近年来，吉林省农产品加工企业发展始终摆脱不了资金不足的困境，特别是经济新常态下，企业处于转型升级的重要阶段，企业扩大规模、争上项目的积极性很高，资金需求迫切，而因资产较少、信用等级较低、抵押物不足，大多数农产品加工企业资金缺口较大，重点项目建设推进迟缓，容易错过市场机遇期，阻碍龙头企业快速发展。

而且，吉林省社会融资困难，也难以支持农产品加工企业技术创新。根据调查，吉林省各农产品加工企业技术创新资金的来源，排序基本相同：排在第一位的是"自有资金投入"，其次是"银行贷款""政府专项资金"，而"股市筹资""发行企业债券""国内风险投资"和"国外风险投资"的比重明显偏低。这表明，吉林省农产品加工企业创新资金来源仍然比较单一，主要以自有资金为主，辅助以银行贷款和政府资金支持，而通过资本市场获得创新资金的渠道仍然很不畅通。

目前，据调查，利用自有资金进行技术创新的企业的比重有所上升，说明企业依靠自有资金进行创新投入的积极性有所提高；利用银行贷款进行技术创新的企业的比重有所下降，可能与企业获得银行贷款的难度提高有关，表明作为企业外部资金主要来源的银行贷款对企业创新活动支持力度有所下降；利用政府专项资金支持进行创新的企业数量有所上升但比重不高，表明政府专项资金在支持企业创新活动方面的作用有所增强但仍有待提升。

任何一个科技创新，无论是原始性创新、集成创新，还是引进消化吸收再创新，都必须以大量的科技研发资金作为支撑，这就要求企业在制定科技中长期发展和创新驱动战略规划时，必须把增加科技研发资金作为重要的政策内容。

3.2.4 农产品加工企业技术创新人才匮乏

技术创新人才投入不足主要体现在三个方面：①企业家管理能力有限、技术创新意识薄弱。从实际情况看，吉林省绝大多数农产品加工龙头企业的法人来自农村、出身农民，知识水平不高，管理能力有限，对于企业技术创新的重视程度不高，在自主创新能力较薄弱的发展阶段，对技术引进及改造的意识不足，尤其在企业向更高层次、更高水平迈进的关键时期，很难驾驭和掌控，导致企业徘徊不前甚至走下坡路。②技术人员素质较低、人才流失现象较重。人才是企业技术创新发展的灵魂，但在对企业进行走访调研时发现吉林省农产品加工企业存在十分严重的人才流失现象，这不仅在中小型农业企业中常见，在农业产业化龙头企业中也普遍存在，许多高校毕业生将农产品加工企业作为跳板，跳槽率高，离开本省去发达城市发展现象频发，并且存在技术人员素质普遍较低的现象，这将对吉林省农产品加工企业技术创新的发展形成巨大的阻碍。③技术创新人才培养不足。创新人才的培养从实质上来说是一种长期投资。资金有限、风险较大是吉林省农产品加工企业对创新人才持续投资培养的障碍。由于许多农产品加工企业创新人才的流动性大，故使得决策者更加忌惮对创新人员的长期投入与培养，以避免到最后"人财两空"的结局。中小农产品加工企业，往往因为自身的资金限制与战略眼光的短浅，对短期的技术人员培训都难以落实到位，而长期高投入的创新人才投资则更是成了一种奢望。

3.2.5 农产品加工企业创新激励政策不完善

吉林省农产品加工企业创新激励政策不完善主要体现在内外两个方面：一是吉林省农产品加工企业缺少对内部技术人员的专项激励机制；二是吉林省政府对农产品加工企业技术创新的激励政策落实不到位。

3.2.5.1 农产品加工企业缺少对内部技术人员的专项激励机制

通过对农产品加工企业技术人员进行访谈发现，大多数农产品加工企业并没有针对不同职位的员工进行差异化激励。对普通员工和技术研发人员的激励措施都是相同的，没有针对企业技术人员的专门激励措施。如果企业用相同的激励政策去激励自己的员工，肯定达不到相应的效果，因为员工拥有自己不同的分工，用相同的激励方式将会导致企业技术人员认为自己在企业的地位很普通，与大家都是一样的，每个人被取代的可能性都是相同的，那么他们就会丧失工作的积极性。相反，如果一个企业对于内部不同岗位的人给予不同的激励，不仅仅可以调动大家的积极性，还可以让大家觉得自己在公司的地位是不同的，在某种程度上自己是不能够被取代的。虽然道理很简单，但是仍然有很多龙头企业的管理者不能够充分认识到这一点。企业使用相同的激励措施，每一位员工工作的积极性都会下降，不仅没有起到提高经营绩效的作用，还会使员工对企业丧失信心。

人才是科技创新过程中最活跃、最关键的要素，而激发人的创造性要靠科学的机制。农产品加工企业对创新型的关键人才缺乏正确的管理与引导，忽略了对创新型人才的招聘与培养，忽略了鼓励现有的企业员工进行相关科学技术的创新，忽略了对企业科技研发部门科研人员的针对性且具体化的管理，这种状态导致企业创新能力停滞不前，在创新意识与创新技术层面都会落后于时代的步伐，落后于同行业的竞争者，形成农产品加工企业经营压力进一步加大的恶性循环，进而影响了企业的可持续发展。

3.2.5.2 政府对农产品加工企业技术创新的激励政策落实不到位

目前，农产品加工业已成为吉林省的支柱产业，为支持种养大户、家庭农场、合作社等新型农业经营主体发展加工业，政府的一些项目及补助政策中不乏对农产品加工业的相应补贴，但补贴金额力度不高，补贴项目也不广泛。在政策扶持上，政府出台了一系列的激励措施，但是由于金融、税收、人才等政策落地不足，资源多被大企业垄断，大量中小企业的科技创新难以获得有力的资金支持。

政策落实不到位，激励机制不健全，导致农产品加工企业缺乏积极创新的动力。许多农产品加工企业规模较小，设备简陋，有的甚至还停留在手工作坊式的生产阶段，劳动生产率低下。多数企业缺乏产品自主开发能力，新工艺、新材料、新技术的应用程度低，在技术引进过程中重视硬件，忽视软件，配套性差，自我创新不够，影响了国产化程度的提高。

3.2.6 农产品加工企业缺少明确的技术创新发展战略

发展战略是企业制定一定时期内发展方向、发展速度与质量的重大选择、规划以及策略。市场需求的变化和发展会给企业带来发展的机会，也会给企业造成威胁，所以，企业研发的产品的兴衰成败关键就在于它能否审时度势，顺应市场需求之变化，在企业内部进行创新，尽量减轻和避免市场威胁所带来的损失，充分利用市场需求为企业获得最大的利益。因此，吉林省农产品加工企业的产品必须适应外部环境和市场需求的变化，建立企业与市场的快速反应机制。快速反应机制要求企业必须把灵敏的触角延伸到市场的每个角落，以从中了解市场现状及其发展变化的信息，并及时快速地把这些信息传达给企业决策部门。企业决策部门也必须及时快速地进行科学论证和决策，并及时采取强有力的措施快速组织实施，将适应消费者需求和引导消费新潮的产品快速投放市场。

目前，吉林省农产品加工企业的技术创新发展战略体现出盲目、随意的特点，其至在问及企业是否拥有明确的技术创新发展战略时，出现否定的答案。这必将导致企业在技术创新发展的道路中失去明确的方向、目标，甚至偏离健康的发展轨迹。

3.2.7　农业科技创新"产学研"体系协同创新能力不足

在农产品加工方面，吉林省不仅协同创新中介机构缺乏，而且产学研体系不完善。主要原因是产学研协同创新主体目标不一。产学研的主体是企业、高校和科研院所，在产学研协作创新过程中，各参与主体利益诉求不同。对于企业，主要有以下四种推动力：首先是技术推动力，出于对落后于业内创新而难以在激烈的市场竞争中生存的恐惧；其次是潜在市场需求带来的拉动力，当企业预期某种技术将成为市场未来需求，同时自己又不具备该技术能力时，它就会寻找科技伙伴合作创新；再次是企业生存压力，市场竞争激烈，导致两极分化，为了保住市场份额以及求得长期生存，企业就会依靠科技进步保障自身安全；最后就是必要的政府倡导。以上四种情况均以盈利为主要目的，衡量标准是该技术可以为本企业带来多少可变现价值。而对于高校和科研机构来说，更加注重个人荣誉，主要的目标是发论文、出版专著，追求学术成就和自我价值的实现，衡量的标准是学术水平，大量的科学研究并不关心转化应用，与实际需求有一定距离。加之，农产品加工企业多为中小企业，中小企业创新能力有限，多数产学研合作模式单一。表现在：①吉林省中小企业数量较多，本身经营管理不规范，科技创新推动力小，产品技术含量低，创新能力弱，创新模式单一，主要靠引进新技术，科技利用率低，科技转化愿望不强。②在寻求科技合作伙伴时，资金匮乏，产业化支撑不足，难于将科技转化为成果，这些都限制了产学研科技创新的实现。③产学研协同创新范围小，主要的产学研合作模式还是合同委托开发以及技术转让，协同创新的层次比较低，影响了模式自身的升级优化。④研发中心、产业园区开发比重较小，现有产业园区科技创新能力较弱，机构以及人员配置不尽合理，管理的方式滞后，都影响了农业科技协同创新能力。

3.3　吉林省农业科技园区技术创新存在的主要问题

3.3.1　农业科技园区龙头企业发展薄弱

吉林省各农业科技园区虽然起步时间不同，但多数发展缓慢，园区内龙头企业发展薄弱，对农业科技项目研发、转化、推广带动示范作用不足。如吉林公主岭国家农业科技园区自批准成立以来，其经历起步、试点发展的阶段，

2010 年 1 月,国家科技部下发"国科发农〔2010〕4 号"文件,试点结束,正式批准为国家级的农业园区。园区经历十几载,在产业发展方面依然存在严重的问题,园区内企业规模太小,龙头企业及高新技术企业带动本地区经济快速发展的产业较少,因此,在园区经济拉动方面所做贡献较少。

3.3.2 农业科技园区技术创新资金缺乏

吉林省各农业科技园区缺少农业科技项目研发、转化、推广资金。如吉林公主岭国家农业科技园区存在着严重的资金制约瓶颈。该园区发展运行资金主要来源于国家和地方政府的财政收入、园区招商引资以及园区内产业发展,但是随着园区建设规模的不断扩大,政府所投入的资金远远不能够满足园区自身建设的需要。同时,由于地方融资体系缺失及农信贷款力度小的影响,导致城市建设步伐及园区内部分项目不能按时开工与竣工、农业示范项目不能及时得到推广、先进的农业生产技术项目不能有效进行。

3.3.3 农业科技园区技术研发能力较弱

吉林省多数农业科技园区内大部分企业的研发机构还处于发展阶段,还需进一步引导企业加强创新投入,尽快提高技术创新能力和水平。据调查,农业科技园区技术创新能力不强,其主要原因表现在两个方面,一方面由于多数农业科技园区的核心区距离城市中心较远,园区基础设施条件比较差,生活配套设施短缺,难以吸引大专院校、科研院所以及高科技人才来园区创业兴业,各地区农业科技园区普遍存在农业高科技人才数量少、技术结构不合理的现象,因此难以适应高科技农业发展的要求。由于科技人才严重不足,而且缺乏善于经营管理的人才以及农业信息方面的人才,以至于科技创新平台作用发挥不够,科技创新能力和研发水平不足。另一方面,由于经营者缺乏科技创新意识,同时又担心所引进的科技成果费用过高,因此不愿花高代价从科研机构引进先进成果。

3.3.4 农业科技园区科技支撑体系不健全

吉林省多数农业科技园区科技支撑能力较弱,科技支撑体系不健全。农业科技园区与农业科研院所及大专院校在人才与合作开发成果方面衔接渠道不通畅,在农业科技园区吸引科技人员进园区创业及吸收科研院所和高等院校成果方面,未形成有效机制,缺乏有效措施。虽然园区聘请一些农业科技专家进园区指导工作,但由于没有建立吸引科技成果与人才的有效机制,因此这些专家很少来园区提供技术服务,不热心推动科研院所研制、开发的科技成果的转移转化。如，公主岭国家农业科技园区建设初期与科研院所建立起来的合作关系还比较强，但随着园区进入运营后，由于缺乏配套的政策措施，导致原有的技术依托关系无形中被淡化，以至于科技支撑力量比较薄弱，科技创新能力不强，从而影响园区稳定发展。

第4章
吉林省农业科技创新能力
实证分析

4.1 吉林省农产品加工企业技术创新能力及影响因素分析

乡村振兴战略目标的关键是产业兴旺，而农产品加工业是农村一、二、三产业的核心，是实现农村一二三产业融合发展的关键，所以，农产品加工业的发展壮大直接影响乡村振兴战略目标的实现。目前，我国农产品加工业转型升级滞后，尤其是精深加工及综合利用不足。其中，我国农产品加工企业技术创新能力不强是重要制约因素。如何尽快提高农产品加工企业的技术创新能力，首先要摸清农产品加工企业技术创新能力水平和影响技术创新能力提高的主要因素。

吉林省是农业大省，也是农产品加工业大省，吉林省的农产品加工业与汽车产业、石化产业并称为吉林省的三大传统支柱产业。截至 2019 年底，吉林省已拥有农业产业化国家级重点龙头企业 54 家、省级重点龙头企业 576 家、市（县）级龙头企业 1 703 家，绝大多数龙头企业为农产品加工企业。吉林省农产品加工企业的快速发展，促进了吉林省农业结构调整、农业增效和农民增收，也促进了吉林省地方经济的增长。但是，吉林省农产品加工企业主要生产初加工产品，产业链条短、附加值低、产品市场竞争力不强，企业技术创新能力亟待提高。因此，本书选择吉林省农产品加工企业进行技术创新能力评价具有典型性和现实意义。从相关文献来看，学者关于农产品加工企业或农业企业技术创新能力的定量研究较少，尤其是对农产品加工企业技术创新能力影响因素的研究很少，有必要进一步丰富相关研究成果。所以，本书基于农产品加工业大省（吉林省）的调查数据，选择农业产业化龙头企业中的农产品加工企业作为研究对象，对农产品加工企业技术创新能力与影响因素进行实证分析。

为分析吉林省农产品加工企业技术创新能力及影响因素，本书在借鉴前人研究成果的基础上，通过构建农产品加工企业技术创新能力评价指标体系，采用密切值法，以吉林省 30 家农业产业化龙头企业的调查数据，对吉林省农产品加工企业的技术创新能力进行评价，并通过统计分析找出影响农产品加工企业技术创新能力提高的主要因素。

4.1.1　吉林省农产品加工企业技术创新能力评价分析

4.1.1.1　企业技术创新能力评价指标体系构建

对企业技术创新能力的评价，关键是要构建出科学合理的评价指标体系，而构建科学的评价指标体系必须要遵循一定的原则。对于构建农产品加工企业技术创新评价指标体系的原则，众多专家学者都有自己观点和认识。综合比较后，本书认为建立农产品加工企业技术创新能力评价指标体系应该遵循三个原则：①科学性原则。在对吉林省农业龙头企业技术创新能力评价指标进行选择时，最重要的一个原则就是科学性原则。以科学的思想为指导，以严谨的思维为基础，构建吉林省农业龙头企业技术创新能力评价体系，以保证评价结果的准确性。②实时性原则。由于影响吉林省农业产业化技术创新能力的因素纷繁复杂，技术创新能力又具有一定的滞后性，很难在较短的时间内获得十分准确且质量优良的相关数据。另外，因为吉林省农业产业化的进程发展较为快速，其龙头企业的情况也可谓日新月异。若想要在技术创新能力评价过程中呈现出各个阶段的发展趋势，就要遵循实时性原则。③实用性原则。本书写作的落脚点是通过对吉林省农业产业化龙头企业进行评价，为政府相关职能部门决策提供一定的参考依据，因此实用性原则至关重要。实用性原则要求既要充分反映吉林省农业产业化龙头企业技术创新的现状，又要着眼于未来的发展趋势。

本书通过对相关研究成果进行梳理和分析，重点参考陆菊春（2002）、高启杰（2008）、高霞（2008）对企业技术创新能力评价的指标体系，并遵循科学性、实时性、实用性原则，构建农产品加工企业技术创新能力评价指标体系，包括 3 个一级指标和 9 个二级指标。3 个一级指标分别为技术创新投入能力、技术创新实施能力和技术创新产出能力，涵盖了影响吉林省农业龙头企业技术创新能力的指标体系。具体指标及解释如表 4-1 所示。

表 4-1　吉林省农产品加工企业技术创新能力评价指标体系

一级指标	二级指标	指标解释
	研发投入强度（A_{11}）	研发费用投入/销售收入
技术创新投入能力（A_1）	非研发投入强度（A_{12}）	技术引进改造费/销售收入
	技术人员投入强度（A_{13}）	技术人员数量/企业职工总数

（续）

一级指标	二级指标	指标解释
技术创新实施能力（A_2）	拥有新成果数（A_{21}）	授权专利数、新产品数
	研发人员人均研究成果（A_{22}）	拥有新成果数/企业研发人员数量
	技术人员素质（A_{23}）	研究生及以上学历、中高级职称技术人员/企业技术人员总数
技术创新产出能力（A_3）	新成果成功投产率（A_{31}）	最终投产新成果数/成功创新成果数
	新产品的销售贡献率（A_{32}）	新产品销售收入/同期内企业整个产品的销售收入
	新产品的销售毛利率（A_{33}）	（新产品销售收入－新产品生产成本）/新产品的销售收入

在企业技术创新能力评价指标体系中，技术创新投入能力是农产品加工企业技术创新能力实现的前提；技术创新实施能力是企业技术创新的基础和核心，也决定了企业产品的科技含量和质量；技术创新产出能力是企业进行技术创新活动的根本目的，是企业在市场竞争中获得生产经营利润和市场份额的直接表现，也是技术创新产品一段时期内盈利状况最直观的体现。

4.1.1.2 企业技术创新能力评价方法及数据来源

（1）评价方法

目前，主要有两大类方法对企业技术能力进行测度：一类是通过专家意见、头脑风暴法等方法对各指标进行主观赋权，以评价企业的技术创新能力；另一类是通过客观赋权对企业的技术创新能力进行测算。由于密切值法不需要主观赋值，容易对评价结果进行比较分析，并进一步找出存在差距的原因，因而本书采用密切值法对农产品加工企业的技术创新能力进行评价。密切值法是一种将多指标纳入一个系统中的综合评价方法，它将评价指标区分为正向指标和负向指标，并把两个方向的指标结合在一起进行考虑。密切值（用 C_i 表示）是一个无量纲值，它以各评价单元距最优点的最小距离、最劣点的最大距离作为参比，并与自身进行对照，通过其与最优点和最劣点的亲疏程度进行综合评价。当 $C_i > 0$ 时，说明被评价单元偏离最优点，其值越大偏离越远；当 $C_i = 0$ 时，被评价单元最接近最优点。决策的依据是 C_i 的大小，C_i 值越小表明技术创新能力越强，C_i 最小的方案就是合理方案。

（2）样本选取及数据来源

2018 年 1 月，课题组成员对典型农业产业化龙头企业进行了走访调研。本研究根据 2018 年调研数据进行实证分析，所使用的数据以走访调查和问卷调查为主，以企业年度报告为辅。选取吉林省具有代表性的 30 家省级农产品加工业龙头企业作为研究样本，包括 12 家国家级重点农业产业化龙头企业和 18 家省级农业产业化龙头企业；选取范围覆盖吉林省农产品加工业的三大领域，包括粮食加工企业 10 家、畜产品加工企业 10 家、特产品加工企业 10 家。为保护企业隐私，在下文中均由编码代替企业，LS01～LS10 分别代表所选取的 10 家粮食产品加工企业，XM01～XM10 分别代表所选取的 10 家畜产品加工企业，TC01～TC10 分别代表所选取的 10 家特产品加工企业。由于相关统计数据不完整或缺失，因此本研究采用的数据为 2015—2017 年的数据平均值。本研究参考的年度报告主要有《国家农业产业化重点龙头企业年度报告》（2015—2017）、《吉林省农业产业化龙头企业年度报告》（2015—2017）。

4.1.1.3　企业技术创新能力测算

（1）建立指标矩阵

设方案集 A_i（$i=1$，2，$\cdots$，m）在指标 S_j（$j=1$，2，$\cdots$，n）下取值为 a_{ij}，得到指标矩阵 $A=(a_{ij})_{m\times n}$。由于方案的指标较多，且各指标的量纲不同，为便于比较，对指标矩阵进行标准化处理。

令：

$$X_{ij}=\begin{cases}\dfrac{a_{ij}}{\sqrt{\sum\limits_{i=1}^{m}(a_{ij})^2}} & (j\text{ 为正向指标}) & (4\text{-}1)\\[4mm]\dfrac{a_{ij}}{\sqrt{\sum\limits_{i=1}^{m}(a_{ij})^2}} & (j\text{ 为负向指标}) & (4\text{-}2)\end{cases}$$

得到标准化指标矩阵 $X=(x_{ij})_{m\times n}$。

（2）确定方案集的最优点和最劣点

令：$\quad x_j{}^+=\max\{x_{ij}\}$，$\quad x_j{}^-=\min\{x_{ij}\}$（$j=1$，$2$，$\cdots$，$n$）

$$(4\text{-}3)$$

则：

最优点集为：$\quad A^+=(x_1{}^+，x_2{}^+，\cdots，x_n{}^+)$

最劣点集为：$\quad A^-=(x_1{}^-，x_2{}^-，\cdots，x_n{}^-)$

满意方案就是在决策点集中找出离最优点集最近、离最劣点集最远的决策点。

（3）计算各方案的密切值

方案 A_i 的密切值为：

$$C_i = d_i{}^+/d^+ - d_i{}^-/d^- \tag{4-4}$$

其中： $$d_i{}^+ = \left[\sum (x_{ij} - x_i{}^+)^2\right]^{1/2} \tag{4-5}$$

$$d_i{}^- = \left[\sum (x_{ij} - x_i{}^-)^2\right]^{1/2} \tag{4-6}$$

$$d^+ = \min \{d_i{}^+\}, \ d^- = \max \{d_i{}^-\} \tag{4-7}$$

$d_i{}^+$、$d_i{}^-$ 分别表示方案 A_i 与最优方案 A^+、A^- 之间的欧氏距离，d^+、d^- 分别表示 m 个最优点距的最小值和 m 个最劣点距的最大值。C_i 的大小反映了方案集偏离最优点的程度，当 $C_i > 0$ 时，A_i 偏离最优点，其值越大，偏离越远；当 $C_i = 0$ 时，A_i 最接近最优点。以 C_i 的大小作为决策准则，C_i 最小的方案就是满意方案。

（4）计算结果

被调研的 30 家企业的技术创新能力的有关指标数据如表 4-2 所示。为了方便计算，本次调研所取指标均为正向指标。因各指标量纲不同，使用式（4-1）、式（4-2）使其转化为标准化矩阵。

表 4-2　农产品加工企业标准化数据

	A_{11}	A_{12}	A_{13}	A_{21}	A_{22}	A_{23}	A_{31}	A_{32}	A_{33}
LS01	0.003	0.018	0.032	0.074	0.166	0	0.092	0.033	0.010
LS02	0.057	0.013	0.259	0	0	0.065	0	0.423	0.247
LS03	0.026	0.046	0.207	0.157	0.069	0.022	0.038	0.241	0.091
LS04	0.073	0.007	0.025	0.059	0.132	0	0.230	0.154	0.150
LS05	0.035	0.154	0.086	0.037	0.006	0.411	0.115	0.197	0.154
LS06	0.020	0.107	0.08	0.127	0.021	0.034	0.149	0.113	0.134
LS07	0.045	0.004	0.308	0.029	0.009	0.010	0	0.019	0.435
LS08	0.098	0.233	0.078	0	0	0.182	0	0.220	0.157
LS09	0.035	0.009	0.077	0.104	0.049	0.202	0.057	0.004	0.308
LS10	0.072	0.017	0.040	0.014	0.006	0.045	0.23	0.002	0.072
XM01	0.038	0.046	0.559	0.059	0.004	0.121	0.164	0.084	0.060
XM02	0.019	0.196	0.038	0.756	0.664	0.404	0.230	0.053	0.216
XM03	0.033	0.211	0.061	0.007	0.002	0.041	0.230	0.408	0.029
XM04	0.039	0.008	0.052	0.074	0.008	0.365	0.111	0	0
XM05	0.105	0	0.008	0.134	0.299	0.076	0.138	0.002	0.091

（续）

	A_{11}	A_{12}	A_{13}	A_{21}	A_{22}	A_{23}	A_{31}	A_{32}	A_{33}
XM06	0.035	0.864	0.181	0.029	0.026	0	0.230	0.373	0.126
XM07	0.003	0.006	0.051	0.075	0.11	0.304	0.230	0.165	−0.242
XM08	0.134	0.002	0.060	0.075	0.027	0.087	0.230	0.146	0.035
XM09	0.026	0.088	0.211	0.105	0.03	0.182	0.230	0.049	0.091
XM10	0.021	0.005	0.174	0	0	0.090	0	0.184	0.030
TC01	0.656	0	0.062	0.494	0.168	0.080	0.147	0.128	0.162
TC02	0.105	0.032	0.181	0.044	0.149	0.114	0.230	0.189	0.168
TC03	0.184	0.046	0.090	0.067	0.037	0.091	0.230	0.006	0.046
TC04	0.379	0.026	0.111	0.067	0.585	0.233	0.230	0.332	0.295
TC05	0.095	0.080	0.058	0.037	0.027	0.182	0.230	0.087	0.374
TC06	0.194	0.034	0.272	0.149	0.044	0.090	0.230	0.068	0.126
TC07	0.082	0.167	0.198	0.097	0.021	0.152	0.230	0.077	0.072
TC08	0.220	0.051	0.323	0.119	0.026	0.205	0.145	0.130	0.160
TC09	0.290	0.024	0.089	0.045	0.028	0.304	0.230	0.006	0.267
TC10	0.410	0.150	0.211	0.097	0.039	0.062	0.230	0.232	0.082

通过式（4-3）计算出最优点和最劣点，然后，根据式（4-5）、式（4-6）计算可得 d_i^+、d_i^- 的所有解，根据式（4-7）可求出 d^+、d^-。

d_i^+ = （1.633，1.554，1.503，1.571，1.483，1.538，1.588，1.478，1.555，1.662，1.525，1.139，1.545，1.625，1.516，1.325，1.651，1.578，1.503，1.640，1.264，1.461，1.55，1.236，1.51，1.439，1.455，1.419，1.498，1.347）

d_i^- = （0.326，0.701，0.493，0.505，0.641，0.458，0.745，0.557，0.604，0.4，0.677，1.212，0.586，0.461，0.501，1.053，0.438，0.429，0.512，0.383，0.95，0.58，0.438，1.003，0.702，0.578，0.512，0.625，0.676，0.676）

最后，根据式（4-4）计算密切值 C_i，C_i 即为样本企业的技术创新能力。各农产品加工企业的密切值及排序情况见表4-3。

表 4-3　农产品加工企业的密切值及排名情况

排名情况	企业代码	密切值	排名情况	企业代码	密切值
1	XM02	0	16	TC07	0.854
2	TC04	0.257	17	LS09	0.866
3	XM06	0.293	18	XM03	0.871
4	TC01	0.325	19	XM09	0.896
5	TC10	0.623	20	LS03	0.912
6	TC08	0.728	21	XM05	0.916
7	TC05	0.744	22	LS04	0.961
8	TC09	0.756	23	LS06	0.971
9	LS05	0.773	24	TC03	1.002
10	LS07	0.778	25	XM08	1.028
11	XM01	0.779	26	XM04	1.045
12	LS02	0.784	27	XM07	1.087
13	TC06	0.785	28	XM10	1.123
14	TC02	0.803	29	LS10	1.128
15	LS08	0.837	30	LS01	1.164
			30家企业的平均密切值		0.803

通过表 4-3 可以看出，各农产品加工企业的密切值差距较大（密切值最小的为 0，最大的为 1.164），即不同企业之间的技术创新能力水平存在较大差异。另外，30 家农产品加工企业的平均密切值为 0.803，由于密切值越接近于 0 其技术创新能力越强，可知，吉林省农产品加工企业的技术创新能力可能不强。事实也确实如此，吉林省农产品加工企业多数为初级加工企业，深加工企业较少。

4.1.2　吉林省农产品加工企业技术创新能力影响因素分析

近年来，吉林省农产品加工企业虽然在诸多方面发展较快，但仍存在核心竞争力较弱、创新能力不强等问题。通过前文测算，吉林省 2017 年 30 家农产品加工企业技术创新能力的平均密切值为 0.803，可见，吉林省农产品加工龙头企业目前的技术创新能力还有很大提升空间。

尽快提高吉林省农产品加工企业的技术创新能力，就要找出影响技术创新能力提高的主要因素。为仔细辨别企业技术创新能力提高的主要影响因素，本书从企业技术创新能力的外部影响因素和内部影响因素两方面进行调查分析。

2018 年 1 月，对 30 家企业实施了问卷调查。根据前人研究成果和吉林省农产品加工企业发展实际，在调查问卷中设计了企业技术创新能力的 8 个外部影响因素，分别为政府财政补贴、技术创新支持政策、知识产权保护政策、减免税政策、市场竞争和市场需求、社会创新服务体系、金融政策、行业内创新氛围，12 个内部影响因素，分别为管理层的重视和支持、技术创新的资金投入水平、技术人员的素质和水平、技术人员的数量、技术人员的创新积极性、技术创新战略、技术引进及消化吸收能力、企业自身的技术积累、生产加工设备的先进水平、企业获取信息能力、与外部的合作机会、市场研究与开拓能力。调查问卷采用李克特 5 级量表形式，从"1"到"5"表示影响程度从低到高，其中"1"表示"非常不重要"，"5"表示"非常重要"。为使分析结果更贴近企业实际情况，对 30 家样本企业问卷的每个指标的得分打出总分，并查看样本企业问卷，对不同指标，计算得分为"非常重要"的频次，频次越高则说明该指标对企业技术创新能力的影响越大。

4.1.2.1　外部影响因素分析

对 30 家农产品加工企业技术创新能力外部影响因素各项指标的得分和被选"非常重要"频次进行计算整理，结果如表 4-4 所示。

表 4-4　农产品加工企业技术创新能力外部影响因素得分情况

外部影响因素具体指标	总分	被选"非常重要"频次	排名
政府财政补贴	145	27	1
技术创新支持政策	133	23	2
知识产权保护政策	125	22	3
减免税政策	122	21	4
市场竞争和市场需求	105	15	5
社会创新服务体系	103	12	6
金融政策	98	10	7
行业内创新氛围	70	8	8

数据来源：根据调查问卷整理。

由表 4-4 可见，在农产品加工企业技术创新能力外部影响因素中，政府财政补贴、技术创新支持政策、知识产权保护政策、减免税政策的选择分项得分位居前 4 名，得分分别为 145、133、125、122，而且这四个影响因素的被选非常重要频次（分别为 27、23、22、21）都超过 70%（21 次），说明这四个因素是农产品加工企业技术创新能力的主要外部影响因素。在国内许多学者的研究中显示，市场竞争与需求在很大程度上推动企业的技术创新发展，吉林省农产品加工企业对此影响因素的重视程度较为一般。

4.1.2.2 内部影响因素分析

对 30 家农产品加工企业技术创新能力内部影响因素各项指标的得分和被选"非常重要"频次进行计算整理，结果如表 4-5 所示。

表 4-5　农产品加工企业技术创新能力内部影响因素得分情况

内部影响因素具体指标	总分	被选非常重要频次	排名
管理层的重视和支持	149	29	1
技术创新的资金投入水平	143	28	2
技术人员的素质和水平	138	23	3
技术人员的数量	129	19	4
技术人员的创新积极性	124	18	5
技术创新的战略	120	16	6
技术引进及消化吸收能力	111	13	7
企业自身的技术积累	102	9	8
生产、加工设备的先进水平	95	6	9
企业获取信息能力	80	5	10
与外部的合作机会	72	5	11
市场研究与开拓能力	70	2	12

数据来源：根据调查问卷整理。

从表 4-5 可知，各影响因素的得分情况与被选"非常重要"频次的顺序完全一致。在 12 个内部影响因素中，管理层的重视和支持、技术创新的资金投入水平、技术人员的素质和水平、技术人员的数量、技术人员的创新积极性五个指标被选非常重要频次都超过 60%（18 次），而且这五个影响因素的得分位居 12 个内部影响因素的前 5 名，说明这五个因素是农产品加工企业技术创新能力的主要内部影响因素。在对吉林省农产品加工企业技术创新能力调查中显示，吉林省农产品加工企业的技术人员数量较少、素质较低，人才流失严重，这也是制约吉林省农产品加工企业技术创新能力提升的重要因素。

4.1.3 主要结论

由于数据获得的难度较大，在实证分析部分，使用了 2018 年调研获得的数据，主要以走访调研和问卷调查为主、企业年报为辅。近年来，吉林省农产品加工企业的整体创新能力及其影响因素变化不大，因此，根据 2018 年所获得的数据的研究结论足以说明目前吉林省农产品加工企业技术创新能力情况。

4.1.3.1　农产品深加工企业的技术创新能力普遍高于初级加工企业

为保护企业隐私，本研究选取的样本均以编码代替企业名称，LS01～LS10 分别代表所选取的 10 家粮食产品加工企业，XM01～XM10 分别代表所选取的 10 家畜产品加工企业，TC01～TC10 分别代表所选取的 10 家特产品加工企业。由表 4-3 可看出，技术创新能力最强的企业（XM02）密切值为 0，而技术创新能力最弱的企业（LS01）密切值为 1.164，它们的密切值差异较大，说明技术创新能力水平差异较大。技术创新能力位列第一的 XM02 是吉林省较为出色的乳制品加工企业，其技术创新能力较强，属于深加工企业；与该企业形成鲜明对比的是，排在最后一位的 LS01 为水稻加工企业，主要从事水稻脱壳，属于初级加工企业。XM02 与 LS01 分别属于不同行业，其技术创新能力差异较大。再看同一行业不同企业间的技术创新能力比较情况。由表 4-3 可见，XM02、XM06 和 XM07、XM10 都属于畜产品加工业，但 XM02 和 XM06 的技术创新能力排序分别为第 1 和第 3，而 XM07 和 XM10 的技术创新能力排序分别为 27 和 28，可见它们的技术创新能力也存在明显差异。查找原因发现，XM02 和 XM06 从事的是畜产品的精深加工，而 XM07、XM10 从事的只是畜产品的初级加工，即屠宰分割。可见，无论是不同行业不同企业之间，还是同一行业不同企业之间，企业的技术创新能力差异较大。进一步分析得知，农产品深加工企业的技术创新能力普遍高于初级加工企业。

4.1.3.2　特产品加工企业的技术创新能力高于畜产品加工企业和粮食加工企业

从行业角度分析，调查的 30 家农产品加工企业包括粮食加工业、畜产品加工业和特产品加工业各 10 家。其中，10 家粮食加工企业（LS01～LS10）技术创新能力的均值为 0.917 4，10 家畜产品加工企业（XM01～XM10）技术创新能力的均值为 0.803 8，10 家特产品加工企业（TC01～TC10）技术创新能力的均值为 0.687 7。特产品加工业企业的技术创新能力值最小、技术创新能力最强。在技术创新能力排名前 10 名中，有 7 家是医药企业，属于特产品加工业，其技术创新能力明显高于普通粮食加工业和畜产品加工业。这主要是由于相对于普通农产品（一般粮食加工业和畜产品加工业）来说，医药产品的加工所需要的技术手段比较复杂、技术含量较高，企业在技术创新过程中投入的人力和资金都较多。从调查数据看，特产品加工业的技术人员投入水平最高（达 21.5%），而且以医药企业为主的特产品加工业研发投入强度比传统农产品加工业的投入强度高出很多。

4.1.3.3 影响农产品加工企业技术创新能力的主要因素

由表4-4和表4-5可见，影响农产品加工企业技术创新能力的主要外部因素包括政府财政补贴、技术创新支持政策、知识产权保护政策和减免税政策四个因素，影响农产品加工企业技术创新能力的主要内部因素包括主要领导的重视和支持、技术创新的资金投入水平、技术人员的素质、技术人员的数量及技术人员的创新积极性五个因素。

4.2 吉林省农业科技园区创新能力评价分析

为推动我国农业农村现代化建设，增强我国农业的国际竞争力，国家提出了一系列重要举措，其中之一就是建立国家农业科技园区。农业科技园作为一种新型的农业组织，将农业企业、科技专家、农民等多方主体紧密联系在一起，有助于促进农业科技成果转化，推动农业产业化转型升级。本研究借鉴相关领域研究经验，通过构建农业科技园区创新能力评价指标体系，利用统计计量方法对吉林省农业科技园区技术创新能力及其发展趋势进行分析，并找出制约其农业技术创新能力提升的主要因素。本研究具有一定的现实意义，不仅有利于促进吉林省农业科技园区创新能力的提升，而且有利于促进吉林省农村一二三产业融合发展和农业技术的示范推广。

4.2.1 农业科技园区创新能力评价指标体系构建

4.2.1.1 评价原则

农业科技园区创新能力评价指标体系构建的目的是为了客观系统地反映其技术创新能力及其发展趋势，因此，指标的选取既要能够反映农业科技园区的农业特征，又要表现出园区创新过程中经济社会投入以及取得的科技成果和效益（陈琼等，2015；李然等，2018）。从该目标出发，农业科技园区创新能力评价指标体系构建应遵循以下原则：

（1）系统性原则

农业科技园区创新能力是一个具有综合性的完整的创新系统，它不单纯指技术创新方面，还包含区域创新、企业创新、价值链创新。通过以技术创新为主，以制度创新、管理创新、组织创新为辅，在一定环境下，将创新活动中各个因素与环节紧密结合起来共同发挥作用。因此，建立评价指标体系时要注重吉林省农业科技园区的创新系统中创新能力相关指标之间的关联性，系统全面地对指标进行选取。

（2）客观性原则

由于农业科技园区的农业特性，在构建指标体系时，面临指标范围较广、内涵难以明确界定等问题，因此，应当保持客观态度，选取能够真实反映出吉林省农业科技园区创新水平的指标。

（3）可操作性原则

在选取指标时，应当考虑相应数据的获取难度以及数据来源的真实程度，保证各项指标具有可操作性，从而提高评价结果的准确性。

（4）针对性原则

每个地区的农业科技园区都具有其区域性的地方差异，因此，在构建评价指标体系时，应当结合吉林省农业科技园区的实际情况和当地特色，从而使评价结果能够更好地反映不同园区创新能力水平之间的差异和变化趋势。

4.2.1.2　评价指标体系构建

（1）评价指标体系的确立

2016 年由中国农村技术开发中心编著的《国家农业科技园区创新能力评价报告（2015）》（以下简称《评价报告》）认为，创新支撑反映园区有形和无形创新资源的投入和集聚情况，是创新成果形成的物质基础和重要条件；创新水平反映园区进行创新活动时在农业科技研发方面取得的相关成果，其中也包括农业科技园区发挥其推广示范功能的效果衡量；创新绩效反映园区在开展一系列创新活动后最终取得的经济及社会效益，也是衡量园区是否发挥其建设作用的指标。因此，《评价报告》认为应从创新支撑、创新水平和创新绩效三个方面构建国家农业科技园区创新能力评价体系。

霍明、周玉玺等（2018）基于农业科技园区战略定位的角度，认为创新投入是园区奠定物质基础的表现，对创新能力水平的高低影响较大，而创新支撑是对园区进行创新活动时提供的各类必须要素，其中包括园区环境。创新产出可以反映园区在农业科技研发与创新创业过程中取得的物化成果，集成示范可以反映出园区在科技成果引进推广、示范带动方面的能力，创新绩效反映园区最终取得的相关效益，因此从创新投入、创新支撑、创新产出、集成示范与创新绩效五个方面构建了农业科技园区创新能力评价指标体系。该评价指标体系不仅考虑了环境因素在创新能力建设中的作用，并涵盖了农业科技园区的功能定位，为构建本研究的评价指标体系提供了思路。

雷玲、陈悦（2018）认为创新环境和制度创新是园区创新能力的支撑，并将技术创新作为综合创新能力的主要内容，提出农业科技园区创新能力的评价不能仅注重经济效益指标，还应当注重园区是否具备发展潜力。

鉴于以上观点，本研究结合吉林省农业科技园区发展现状，考虑是否能够获取真实、客观的有效数据，且遵循系统性原则、客观性原则、可操作性原则和针对性原则，最终构建了包括创新支撑、创新水平、创新绩效 3 个一级指标，创新人才及研发投入、社会及地方政府支持力度、科技研发成果、成果引进及推广、经济贡献及科普能力、产业带动及产出 6 个二级指标以及 23 个细分指标的吉林省农业科技园区创新能力评价指标体系（表 4-6）。本研究的一级指标与《国家农业科技园区创新能力评价报告（2015）》相同，但二级指标、三级不同。

表 4-6　吉林省农业科技园区创新能力评价指标体系

一级指标	二级指标	三级指标
创新支撑 (B_1)	创新人才及研发投入 (C_1)	园区研发人员数 (D_1)
		园区科技特派员数 (D_2)
		园区技术研发（R&D）经费投入总额 (D_3)
		园区高新技术企业比重 (D_4)
		园区研发机构数及科研单位数量 (D_5)
	社会及地方政府支持力度 (C_2)	园区当年政府投入资金 (D_6)
		园区当年社会投入资金 (D_7)
		园区当年单位土地面积投资和融资的强度 (D_8)
创新水平 (B_2)	科技研发成果 (C_3)	园区连续近两年的专利审批数（含发明专利数）(D_9)
		园区连续近两年的科技成果转化数量 (D_{10})
	成果引进及推广 (C_4)	园区连续近两年引进的新品种、技术、设施数量 (D_{11})
		园区连续近两年推广新品种数、技术、设施数量 (D_{12})
		园区连续近两年引进的项目数 (D_{13})
		园区连续近两年开发的项目数 (D_{14})
创新绩效 (B_3)	经济贡献及科普能力 (C_5)	总产值贡献率 (D_{15})
		园区年度带动农户数量 (D_{16})
		园区年度农民人均可支配收入 (D_{17})
		园区年度接待参观考察人次 (D_{18})
		园区年度参加技术培训人次 (D_{19})
		二、三产业占总产值比例 (D_{20})
	产业带动及产出 (C_6)	近二年园区产值平均增长幅度 (D_{21})
		园区土地产出率 (D_{22})
		园区劳动生产率 (D_{23})

（2）评价指标内涵

本研究选取的指标内涵如下：

——创新支撑。创新支撑体现各农业科技园区在开展创新活动时是否具备支撑各园区创新的各种因素的融合，其指数的高低显示出园区在进行创新活动时获取创新资源的能力（刘丽红等，2015）。

创新人才及研发投入：支撑园区创新发展离不开创新人才、研发资金、机构等的投入（周华强等，2018）。因此，本研究从科技研发人才、研发投入经费以及研发机构等方面考察园区的研发投入力度。其中，科技研发人才以园区研发人员数和园区科技特派员数量表示，科技特派员包括个人科技特派员和法人科特派员；研发投入经费以园区技术研发（R&D）经费投入总额表示；以园区高新技术企业比重（园区高新技术企业数/园区企业总数）和园区研发机构数及科研单位数量（包括与园区合作以及入驻园区的科研单位）衡量农业科技园在创新过程中的财力支撑以及创新平台支撑的能力。

社会及地方政府支持力度：园区创新活动离不开社会以及政府的支持，因此该指标以园区当年政府投入资金、社会投入资金以及园区单位土地面积投资和融资的强度表示，其中园区单位土地面积投融资强度反映每单位下园区获取外界投入资金和园区自身获取融资之和（园区投融资金总和/园区总面积）。

——创新水平。创新水平是反映园区创新过程中创新质量高低的重要指标（雷玲等，2018），具体体现为园区创新成果的数量，分别用科技研发成果和成果引进及推广衡量。

科技研发成果：该指标反映园区研发和技术创新能力，用连续两年园区入园企业或研发机构获得的专利审批数量以及科技成果转化数量表示。

成果引进及推广：该指标反映园区的技术引进及推广示范的能力，用园区连续两年推广新品种、新技术、新设施数量，园区连续两年引进的新品种、新技术、新设施数量以及园区连续两年引进的项目数、开发的项目数表示。

——创新绩效。创新绩效反映园区通过创新活动所取得的经济效益与社会效益情况（霍明，2018），能够反映园区绩效情况的指标分为园区的投入、产出指标（何伟，2007），其中投入类可用园区占地面积、从业人员数量、固定资产投资总额等指标表示，产出类可用园区年产值、带动周围农户数等指标表示。

经济贡献及科普能力：该指标反映园区取得的经济效益和带动周围农民增收的能力以及园区的科普能力情况，用园区年度总产值贡献率（园区总产值/吉林省总产值）、园区年度带动农户数量、园区年度农民人均可支配收入、园区年度接待参观考察人次、参加技术培训人次表示。

园区产业带动及产出：以园区的一二三产融合度、近二年产值平均增长幅度土地产出率、劳动生产率等来反映园区的绩效情况，其中，一二三产融合度可以反映园区的产业结构及水平；近两年园区产值平均增长幅度主要表示园区近两年所获得的经济上的增长值；土地产出率反映园区单位土地面积产出强度，以年度园区总产值除以园区已建成面积表示；劳动生产率反映园区劳动生产能力，以年度园区农业产业增加值除以年末园区从业人员数表示。

4.2.1.3 评价指标体系权重确定

(1) 方法选择

在相关研究中，指标权重的确定方法主要分为主观赋权法和客观赋权法。其中，主观赋权方法，如德尔菲法，是通过引入相关领域专家或第三方对指标的重要程度进行判断，优点在于能更好地实现理论与指标权重间的匹配，使得理论价值大的指标往往能够获得较大权重，且应用范围广泛，但缺点是权重确定无法避免人为主观因素影响。客观赋权方法常见的是因子分析法、熵值法等，该类方法可以避免主观因素的影响，但因子分析法会受到信息质量的影响而导致原本比较重要的指标却无法获得相对应的权重比值。

依据钟甫宁等（2007）、霍明等（2018）的研究，同时考虑到农业科技园区的"农业"特殊性，且涉及的评价指标范围较广，本研究选取层次分析法（AHP）对评价指标进行权重赋值。

层次分析法起源于 20 世纪 70 年代，由美国著名运筹学专家萨蒂（T. L. Saaty）教授提出。层次分析法将研究对象看成一个系统，并将系统进行层次划分，通过各层次系统中的因素两两比较，从而得到各因素的重要程度值。该方法原理简单，数学依据较严格，不仅适用于分析与决策复杂的系统，且能够将人类自主性的判断通过数据的形式进行表达，即将专家打分的结果转化为客观数据。

(2) 权重运算

第一，建立层次结构框架。

首先将本研究中的吉林省农业科技园区创新能力评价作为目标层；其次是准则层，表示通过使用某种方式来实现最终理想结果的过程中相关的中间环节，该层次可由多个子层次组成，在本研究中具体体现为一、二、三级指标；最后将评价对象作为方案层。

第二，构建判断矩阵。

本研究参照萨蒂 1～9 标度法（表 4-7）。相对总目标而言，准则层中各因素进行两两比较，并按其重要性程度评定等级，最后按比较结果构成的矩阵称作判断矩阵。这一步骤是层次分析法最重要的一步。

表 4-7　萨蒂的 1～9 标度法

B_i 与 B_j 的重要性等级（以一级指标中的任意两个指标 B_i 与 B_j 为例）	量化值
B_i 与 B_j 相比时，B_i 与 B_j 具有同等的重要性	1
B_i 与 B_j 相比时，B_i 稍微重要	3
B_i 与 B_j 相比时，B_i 重要	5
B_i 与 B_j 相比时，B_i 明显重要	7
B_i 与 B_j 相比时，B_i 绝对重要	9
B_i 与 B_j 相比时，B_i 的重要性介于 1、3、5、7、9 之间	2、4、6、8
B_i 与 B_j 相比时，B_j 比 B_i 重要	1/2，…，1/9

　　在赋予指标权重时，为尽量避免主观因素对权重确定结果的影响，本研究向长期从事农业科技园区相关研究的 3 位高校专家和 3 位农业科技园区管理人员发放问卷，以获取评价指标的重要性得分。主要权重结果如表 4-8 至表 4-11 所示，其中 A 表示目标层（创新能力），B、C 分别表示准则层的一级指标层、二级指标层，依此类推，三级指标层（D）权重判定结果略。

表 4-8　准则层"A-B"的权重判定结果

A	B_1	B_2	B_3
B_1	1	1/2	1/3
B_2	2	1	1/2
B_3	3	2	1

表 4-9　准则层"B_1-C——创新支撑"的权重判定结果

B_1	C_1	C_2
C_1	1	2
C_2	1/2	1

表 4-10　准则层"B_2-C——创新水平"的权重判定结果

B_2	C_3	C_4
C_3	1	2
C_4	1/2	1

表 4-11　准则层"B_3-C——创新绩效"的权重判定结果

B_3	C_5	C_6
C_5	1	1/2
C_6	2	1

准则层"A-B""B_1-C——创新支撑""B_2-C——创新水平""B_3-C——创新绩效"的判断矩阵分别以 B，C'、C''、C''' 表示，为上述权重构成的方阵。

第三，计算权向量。

以准则层为例，其中最大特征根及所对应特征向量利用"根法"进行求解，步骤如下：

①计算准则层"A-B"的判断矩阵 B 中每一行元素的积 M_i，$i=1$，2，3。

$$M_1 = 1 \times \frac{1}{2} \times \frac{1}{3} = \frac{1}{6} \tag{4-8}$$

依此类推，得 $M_2 = 1$；$M_3 = 6$。

②计算权重系数 W_i，$i=1$，2，3。

$$W_1 = \frac{\overline{W_1}}{\sum_{i=1}^{3} \overline{W_i}} = \frac{\sqrt[3]{M_1}}{\sqrt[3]{M_1} + \sqrt[3]{M_2} + \sqrt[3]{M_3}} = 0.163\,4 \tag{4-9}$$

同理 $W_2 = 0.297\,0$，$W_3 = 0.539\,6$，即 $W_i = (0.163\,4，0.297\,0，0.539\,6)$。

第四，判断矩阵的一致性检验。

在对多因素进行比较时，人们往往难以保证比较前后的一致性。只有使这种不一致的程度保持在一个容许的范围内，判断矩阵才能使用，这就需要对判断矩阵进行一致性检验。步骤如下：

①求判断矩阵的最大特征根 $\lambda_{\max}$。

$$BW = \begin{bmatrix} 1 & \frac{1}{2} & \frac{1}{3} \\ 2 & 1 & \frac{1}{2} \\ 3 & 2 & 1 \end{bmatrix} \begin{bmatrix} 0.163\,4 \\ 0.297\,0 \\ 0.539\,6 \end{bmatrix} = \begin{bmatrix} 0.491\,8 \\ 0.893\,6 \\ 1.623\,8 \end{bmatrix} \tag{4-10}$$

$$\lambda_{\max} = \frac{1}{3} \sum_{i=1}^{3} \frac{(BW)_i}{W_i} = \frac{1}{3} \left(\frac{0.491\,8}{0.163\,4} + \frac{0.893\,6}{0.297\,0} + \frac{1.623\,8}{0.539\,6} \right) = 3.009\,2 \tag{4-11}$$

②求一致性指标 $CI = \dfrac{\lambda_{\max} - n}{n - 1}$，其中，$n$ 为判断矩阵的阶数。

$$CI = \frac{\lambda_{\max} - n}{n - 1} = \frac{3.009\,2 - 3}{3 - 1} = \frac{0.009\,2}{2} = 0.004\,6 \tag{4-12}$$

③计算一致性系数 $CR = \dfrac{CI}{RI}$，其中 RI 为平均随机一致性指标，见表4-12。

当一致性系数 $CR < 0.1$ 时，代表判断矩阵通过一致性检验；当 $CR \geqslant 0.1$ 时，则需对判断矩阵进行修正。本研究中，$n=3$ 时，$RI = 0.52$，则一致性系数：

$$CR = \frac{CI}{RI} = \frac{0.004\ 6}{0.52} = 0.008\ 8 < 0.1 \qquad (4\text{-}13)$$

表明该准则层（A-B）的判断矩阵通过一致性检验。

表 4-12　平均随机一致性指标 *RI* 表（1000 次正互反矩阵计算结果）

矩阵阶数	1	2	3	4	5	6	7	8	9	10
RI	0	0	0.52	0.89	1.12	1.26	1.36	1.41	1.46	1.49

同理：

准则层"B_1-C——创新支撑"的判断矩阵 C'：

$W_i = (0.666\ 7,\ 0.333\ 3)$；$\lambda_{max} = 2$；$CI = 0$；$RI = 0$；$CR = 0 < 0.1$

通过判断矩阵一致性的检验。

准则层"B_2-C——创新水平"的判断矩阵 C''：

$W_i = (0.666\ 7,\ 0.333\ 3)$；$\lambda_{max} = 2$；$CI = 0$；$RI = 0$；$CR = 0 < 0.1$

通过判断矩阵一致性的检验。

准则层"B_3-C——创新绩效"的判断矩阵 C'''：

$W_i = (0.333\ 3,\ 0.666\ 7)$；$\lambda_{max} = 2$；$CI = 0$；$RI = 0$；$CR = 0 < 0.1$

通过判断矩阵一致性的检验。

第五，层次总排序及一致性检验。

$$CR = \frac{a_1 CI_1 + \cdots + a_m CI_m}{a_1 RI_1 + \cdots + a_m RI_m} = 0.008\ 7 < 0.1 \qquad (4\text{-}14)$$

由上可知，层次总排序通过一致性检验。

综上，可得吉林省农业科技园区创新能力评价各项指标权重值结果（表4-13）。总排序权重值为单排序下相应各层权重值的乘积，即钟甫宁等（2007）所指的组合权重，体现了各指标对创新能力的影响程度。

表 4-13　吉林农业科技园区创新能力评价层次权重总排序表

一级指标	二级指标	三级指标
创新支撑（B_1）16%	创新人才及研发投入（C_1）11%	园区研发人员数（D_1）3%
		园区科技特派员数（D_2）1%
		园区技术研发（R&D）经费投入总额（D_3）3%
		园区高新技术企业比重（D_4）2%
		园区研发机构数及科研单位数量（D_5）2%

（续）

一级指标	二级指标	三级指标
创新支撑（B_1）16%	社会及地方政府支持力度（C_2）5%	园区当年政府投入资金（D_6）1%
		园区当年社会投入资金（D_7）1%
		园区当年单位土地面积投资和融资的强度（D_8）3%
创新水平（B_2）30%	科技研发成果（C_3）20%	园区连续近两年的专利审批数（含发明专利数）（D_9）10%
		园区连续近两年的科技成果转化数量（D_{10}）10%
	成果引进及推广（C_4）10%	园区连续近两年引进的新品种、技术、设施数量（D_{11}）3%
		园区连续近两年推广新品种数、技术、设施数量（D_{12}）3%
		园区连续近两年引进的项目数（D_{13}）2%
		园区连续近两年开发的项目数（D_{14}）2%
创新绩效（B_3）54%	经济贡献及科普能力（C_5）18%	总产值贡献率（D_{15}）7%
		园区年度带动农户数量（D_{16}）3%
		园区年度农民人均可支配收入（D_{17}）5%
		园区年度接待参观考察人次（D_{18}）1%
		园区年度参加技术培训人次（D_{19}）2%
	园区产业带动及产出（C_6）36%	二、三产业占总产值比例（D_{20}）17%
		近二年园区产值平均增长幅度（D_{21}）6%
		园区土地产出率（D_{22}）10%
		园区劳动生产率（D_{23}）3%

一级指标中创新绩效占比最高，其次是创新水平、创新支撑；二级指标中，科技研发成果、经济贡献及科普能力、园区产业带动及产出这三类指标占比较高，其占比均为 18% 以上（包括 18%），说明该三类指标对园区创新能力影响最大，是评价的核心内容；成果引进及推广、创新人才及研发投入两类指标均占 10% 以上（包括 10%），是评价园区在创新的投入及产出方面的重要指标；社会及地方政府支持力度指标所占比例相对较小，在 10% 以下，但是这两项指标能够在一定程度上反映当地政府对园区建设发展的重视程度。

4.2.2 吉林省农业科技园区创新能力评价实证分析

4.2.2.1 研究对象及数据来源

（1）研究对象

本研究选取吉林省国家级农业科技园区作为研究对象，分别是公主岭、松原、延边、通化、白山、辽源等 6 家国家级农业科技园区，但由于辽源国家农业科技园区于 2018 年 12 月通过国家审批，考虑成立时间过短，目前园区建设机制还不够完善，数据获取难度过大，不作为本研究的研究对象，因此本研究最终选取公主岭、松原、延边、通化、白山 5 家国家级农业科技园区作为研究对象。主要基于以下两点考虑：一是，以上 5 家园区建设满 3 年以上，对检验吉林省农业科技园区创新能力成效具有一定的代表性；二是在吉林省建设的农业科技园区中，这 5 家国家级园区的数据较为齐全，达到本研究数据收集的要求。

（2）数据来源

本研究的数据主要来源于以下几个方面：①统计年鉴。通过吉林统计年鉴、吉林科技统计年鉴等获得与本研究相关的宏观数据与资料。②官方网站。通过国家科技部网站、中国农村技术开发中心网站等获取宏观数据。③实地调研。根据研究目标和内容，到各家农业科技园区对所涉及的具体指标数据进行实地调研，获取第一手资料。

4.2.2.2　评价方法

党兴华等（2017）认为 TOPSIS 分析法与层次分析法（AHP）相结合能够有效避免层次分析法（AHP）和模糊数学评价理论中权重取值的主观性，突破其评价结果精确度不高的局限性。杨梅等（2017）认为 TOPSIS 分析法与层次分析法（AHP）结合使用能够克服传统单一方法使用所导致的结果片面性。由此可见，AHP-TOPSIS 方法能够在客观公正的基础上减少评价过程中的不确定性问题，保证评价结果的真实可靠。

因此，本研究采用 AHP-TOPSIS 分析方法对吉林省农业科技园区创新能力进行评价。AHP-TOPSIS 分析法通过计算被评价对象与正理想点（最优点）和负理想点（最劣点）的距离，从而得知该评价对象相对应的水平程度，选择较优的被评价对象。

（1）构建评价矩阵

设本研究待评价方案集为 $A = (A_1，A_2，\cdots，A_m)$，评价指标集合为 $B = (B_1，B_2，\cdots，B_n)$，则评价矩阵为：

$$X = \begin{bmatrix} x_{11} & x_{12} & \cdots & x_{1n} \\ x_{21} & x_{22} & \cdots & x_{2n} \\ \vdots & \vdots & & \vdots \\ x_{m1} & x_{n2} & \cdots & x_{mn} \end{bmatrix}$$

A 代表被评价的总指标，B 代表总指标下的具体指标，m 代表第 m 个方案，n 代表第 n 个指标，X_{ij} 代表待评价方案 A_i 中评价指标 B_j 的数值。

（2）数据标准化处理

为了防止数据量纲不同，影响计算结果，需要对数据进行正向或逆向的标准化处理，以确保标准化后变量值处于［0，1］、（其中，正向指标表示该指标数值越大则指标越优，负向指标表示该指标越小则指标越优）。

正向标准化：

$$v_{ij} = \frac{x_{ij} - \min x_j}{\max x_j - \min x_j} \tag{4-15}$$

逆向标准化：

$$v_{ij} = \frac{\max x_j - x_{ij}}{\max x_j - \min x_j} \tag{4-16}$$

（3）构建加权判断矩阵

加权判断矩阵是由层次分析法计算出来的各指标权重 w 与标准化评价矩阵相乘的结果。

$$r_{ij} = v_{ij} \cdot w_{ij} (i=1, 2, \cdots, m; j=1, 2, \cdots, n) \tag{4-17}$$

$$R = \begin{bmatrix} v_{11} & v_{12} & \cdots & v_{1n} \\ v_{21} & v_{22} & \cdots & v_{2n} \\ \vdots & \vdots & \vdots & \vdots \\ v_{m1} & v_{m2} & \cdots & v_{mn} \end{bmatrix} \begin{bmatrix} w_1 & 0 & \cdots & 0 \\ 0 & w_2 & \cdots & 0 \\ \vdots & \vdots & \vdots & \vdots \\ 0 & 0 & \cdots & w_n \end{bmatrix} = \begin{bmatrix} r_{11} & r_{12} & \cdots & r_{1n} \\ r_{21} & r_{22} & \cdots & v_{2n} \\ \vdots & \vdots & \vdots & \vdots \\ r_{m1} & r_{m2} & \cdots & r_{mn} \end{bmatrix}$$

$$\tag{4-18}$$

（4）确定被评价对象的正负理想解

S_j^+ 是第 j 个指标值的最大值，S_j^- 是第 j 个指标值的最小值。

$$S_j^+ = \max_{1 \leqslant i \leqslant m}(r_{ij}), j=1, 2, \cdots, n \tag{4-19}$$

$$S_j^- = \max_{1 \leqslant i \leqslant m}(r_{ij}), j=1, 2, \cdots, n \tag{4-20}$$

（5）计算被评价对象与理想点之间的欧式距离

Sd_i^+ 表示第 j 个指标距离该指标中最大值的距离，即与正理想解之间的距离；Sd_i^- 表示第 j 个指标距离该指标中最小值的距离，即与负理想解之间的距离。

$$Sd_i^+ = \sqrt{\sum_{i=1}^{n} (s_j^+ - r_{ij})^2}, i=1, 2, \cdots, m \tag{4-21}$$

$$Sd_i^- = \sqrt{\sum_{i=1}^{n} (s_j^- - r_{ij})^2}, i=1, 2, \cdots, m \tag{4-22}$$

（6）计算相对贴近度并按顺序排名

设 n_i^+ 为第 i 个被评价对象指标值与理想点的相对贴近度。

$$n_i^+ = \frac{Sd_i^-}{Sd_i^- + Sd_i^+} i = 1, 2, \cdots, m \qquad (4\text{-}23)$$

式中，n_i^+ 值越大，表明第 i 个被评价对象越优秀，在本研究中则具体表示为第 i 个国家农业科技园区的创新能力越强。

4.2.2.3　评价结果及分析

（1）创新能力总体情况

通过上述 AHP-TOPSIS 模型，将吉林省 5 家园区相关指标的具体数据代入模型计算后最终得到了评价结果（表 4-14、表 4-15）。创新能力指数排名依次为通化国家农业科技园区、公主岭国家农业科技园区、延边国家农业科技园区、松原国家农业科技园区、白山国家农业科技园区。

表 4-14　2018 年度吉林国家农业科技园区创新能力评价结果排序表

综合排名	园区名称	创新能力综合得分	创新支撑 (B_1)	创新水平 (B_2)	创新绩效 (B_3)
1	通化	0.360 9	0.545 4	0.356 4	0.308 7
2	公主岭	0.245 8	0.137 1	0.229 0	0.287 3
3	延边	0.161 0	0.103 1	0.214 9	0.148 2
4	松原	0.132 2	0.169 1	0.071 4	0.155 0
5	白山	0.100 0	0.045 2	0.127 8	0.100 7

从各项一级指标分开看，通化园区的各项一级指标得分均为 5 家园区之首，且发展均衡，说明通化园区在创新活动过程中创新资源充足，所在当地政府以及园区入驻企业都十分注重对园区的创新资源的投入支持，从而保证了通化园区的创新能力持续提升，并且通化园区能够通过对创新资源的有效管理和优化配置实现较高的创新成果产出与创新绩效，是典型的"高投入、高产出"园区。

除各项指标排在首位的通化园区外，其他 4 家园区创新能力评价结果为：①从创新支撑方面看，松原园区虽然创新能力综合排名第四，但其创新支撑能力得分为 0.169 1，排名第二，说明松原园区在创新发展过程中注重创新的投入，也具备较好的创新发展环境，但其创新水平与创新绩效较低，导致创新能力综合得分较低；②从创新水平方面看，公主岭园区得分为 0.229 0，排名第二，创新水平代表了园区的科技研发成果产出状况，较高的创新水平得分，说明公主岭园区具有较高资源利用效率，并且在对新产品、新技术、新设施的引进推广发挥了较好的示范带动作用；③从创新绩效方面看，公主岭园区仍然保持了较高的水平，得分为 0.287 3，远高于均值，说明公主岭园区在创新过程中产生的经济效益与社会效益显著。

表 4-15　吉林省农业科技园区创新能力各类指标分值差异表

	创新能力	创新支撑 （B_1）	创新水平 （B_2）	创新绩效 （B_3）
标准差	0.090 5	0.177 5	0.096 5	0.082 4
变异系数	45.24%	88.74%	48.25%	41.23%

利用变异系数测算的结果（表 4-15）可以看出，创新支撑得分的变异系数最大，说明导致部分园区创新能力低下的关键原因在于创新支撑能力不足。

（2）创新能力各项指标分析

为进一步分析吉林省 5 家国家农业科技园区创新能力之间的差异具体体现在哪些方面，通过上述相同方法计算出二级指标及细分指标得分（表 4-16、表 4-17）。

表 4-16　2018 年度吉林国家农业科技园区创新能力二级指标得分

二级指标	通化	公主岭	延边	松原	白山
创新人才及研发投入（C_1）	0.672 7	0.111 6	0.144 7	0.008 6	0.070 6
社会及地方政府支持力度（C_2）	0.239 7	0.198 6	0.003 4	0.554 4	0.004 5
科技研发成果（C_3）	0.466 9	0.186 6	0.301 4	0.000 1	0.042 6
果引进及推广（C_4）	0.112 8	0.319 4	0.025 5	0.227 8	0.250 2
经济贡献及科普能力（C_5）	0.594 9	0.260 6	0.081 9	0.033 2	0.003 6
园区产业带动及产出（C_6）	0.161 9	0.301 0	0.182 2	0.217 5	0.000 1

表 4-17　2018 年度吉林国家农业科技园区创新能力细分指标得分

三级指标	通化	公主岭	延边	松原	白山
园区研发人员数（D_1）	0.64	0.07	0.28	0.01	0.01
园区科技特派员数（D_2）	0.54	0.12	0.26	0.01	0.07
园区技术研发（R&D）经费投入总额（D_3）	0.84	0.12	0.01	0.03	0.01
园区高新技术企业比重（D_4）	0.94	0.38	0.02	0.01	0.01
园区研发机构数及科研单位数量（D_5）	0.39	0.21	0.14	0.01	0.25
园区当年政府投入资金（D_6）	0.81	0.15	0.01	0.02	0.01
园区当年社会投入资金（D_7）	0.24	0.55	0.01	0.19	0.01
园区当年单位土地面积投资和融资的强度（D_8）	0.02	0.04	0.01	0.93	0.01
园区连续近两年的专利审批数（含发明专利数）（D_9）	0.44	0.01	0.54	0.01	0.01
园区连续近两年的科技成果转化数量（D_{10}）	0.50	0.38	0.03	0.01	0.09
园区连续近两年引进的新品种、技术、设施数量（D_{11}）	0.25	0.20	0.01	0.08	0.47

（续）

三级指标	通化	公主岭	延边	松原	白山
园区连续近两年推广新品种数、新技术、新设施数量（D_{12}）	0.01	0.42	0.08	0.07	0.43
园区连续近两年引进的项目数（D_{13}）	0.08	0.43	0.01	0.43	0.04
园区连续近两年开发的项目数（D_{14}）	0.06	0.31	0.01	0.62	0.01
总产值贡献率（D_{15}）	0.76	0.11	0.11	0.03	0.01
园区年度带动农户数量（D_{16}）	0.67	0.17	0.01	0.10	0.06
园区年度农民人均可支配收入（D_{17}）	0.03	0.76	0.13	0.01	0.07
园区年度年度接待参观考察人次（D_{18}）	0.47	0.24	0.24	0.01	0.04
园区年度参加技术培训人次（D_{19}）	0.71	0.28	0.01	0.01	0.01
二、三产业占总产值比例（D_{20}）	0.26	0.01	0.28	0.13	0.33
近二年园区产值平均增长幅度（D_{21}）	0.31	0.01	0.39	0.26	0.05
园区土地产出率（D_{22}）	0.01	0.65	0.01	0.34	0.01
园区劳动生产率（D_{23}）	0.04	0.89	0.03	0.03	0.01

结合表 4-16 及表 4-17，可以看出 5 家国家农业科技园区创新能力之间的具体差异：

（1）通化园区在创新人才及研发投入、科技研发成果、经济贡献及科普能力三个方面的水平远高于其他园区，这也是拉开通化园区与其他园区综合得分差距的重要因素，不过通化园区同时也存在一些弱项，主要表现在园区当年单位土地面积投资和融资的强度较低，近两年推广新品种数、新技术、新设施数量较少，在项目开发与引进方面明显存在困难，园区的土地产出率及劳动生产率较低。

（2）公主岭园区各项指标之间得分差异较小，反映出公主岭园区在创新能力方面注重全方位发展，但近两年园区产值平均增长幅度较低，说明近两年园区在提升经济效益方面缺乏动力。同时，园区明显缺乏创新人员以及技术研发经费，一定程度上导致了近两年的专利审批数较少，园区的单位土地面积投资和融资的强度及一二三产业融合度也有待提高。

（3）除科技研发成果方面具有突出的优势以外，延边园区其他指标水平均低于平均值，尤其是社会及地方政府支持力度方面明显存在不足，说明当地政府及社会在园区的发展过程中支持力度不够。同时，园区缺乏高新技术企业支撑，虽然近两年专利审批数量较多，但科技成果转化率较低。

（4）松原园区在一定程度上得到了来自社会的资金支持，在项目引进与开发方面优势突出，但相对政府对园区的支持力度不够。同时，园区科技研发成果、创新人才及研发投入、经济贡献及科普能力三个方面明显存在不足，具体表现在园区缺乏研发人员及技术研发经费，没有高新技术企业的支撑，并且缺乏研发机构、科研单位的支撑。说明园区在自食其力，积极引进社会资金项目的情况下，却没有发挥出相应的优势作用，应该加强创新人才和研发经费的投入，注重产学研合作。

（5）白山园区科技研发成果方面优势突出，但除此之外其他指标水平均远低于均值，园区建设时间相对于其他园区是最晚的，创新水平还处于起步阶段，需要当地政府及社会的支持，自身建设发展中还存在很多问题，均有待解决。

4.2.3　主要结论

本研究通过构建吉林省农业科技园区创新能力评价指标体系，采用 AHP-TOPSIS 分析法，综合评价了吉林省 5 家国家级农业科技园区的创新能力。主要研究结论如下：

4.2.3.1　吉林省各家农业科技园区的创新能力差异较大

从综合评价结果来看，5 家园区中创新能力最强的为通化国家农业科技园区，创新能力最弱的为白山国家农业科技园区，除通化及公主岭两家园区外，松原、延边、白山 3 家园区的创新能力水平较低，均处于发展不均衡的状态，且创新能力各项指标得分与通化园区出现了"断崖式"的差距。

4.2.3.2　吉林省农业科技园区创新能力的分项指标不均衡

从个体差异来看，综合排名靠前的通化与公主岭园区，各项指标发展均衡，且具有不少优势指标，而综合排名靠后的三家园区各项指标仅有极少部分指标得分良好，其余指标均处于较低的水平，表明各农业科技园区创新能力的分项指标不均衡。

4.2.3.3　吉林省农业科技园区创新能力偏低的主要原因

主要体现在园区创新人才及技术研发经费不足、园区科研机构支撑不足、园区入驻龙头企业及高新技术企业较少等方面。

（1）园区创新人才及技术研发经费投入不足

除通化和延边园区外其他 3 家园区创新人才包括科技特派员较少，同时目前吉林省农业科技园区的研发经费主要依赖于政府投入，社会、企业对于科技研发投入的积极性不高，除通化园区外其余园区技术研发经费投入严重不足，从而导致农业科技成果较少。

（2）园区科研机构支撑不足

部分园区缺少科研机构的支撑，其中，公主岭、通化、白山 3 家园区的研发机构数量与合作的科研单位相对较多，但在农业科技成果方面仍然不够突出，说明园区与科研机构联系不够紧密，没有发挥出有效创新支撑作用，园区吸收科研院所和高校成果上还没有形成有效的机制，缺乏有效的措施，合作平台建设有待进一步完善。

（3）园区入驻龙头企业及高新技术企业较少

园区入驻企业规模较小，缺少龙头企业及高新技术企业的创新支撑。除通化园区外，其他园区的高新技术企业及上市企业占比几乎为零，但农业科技园区的创新主体主要还是企业，因此缺乏高新技术企业支撑就难以保障园区创新活动的进行。加之吉林省各园区为政府主导型，园区的部分资金包括研发经费主要依靠政府支持，但大部分园区当地政府的政策支持力度不够，或者优惠政策难以落实，同时企业自身研发投入意识不强，科技人员缺乏创新积极性，最终也影响了园区科技研发成果产出。

第 5 章
吉林省农业企业技术创新模式选择分析

众所周知，创新是企业发展的动力源泉，而技术创新是企业创新的核心。现阶段，在国家实施创新驱动发展战略背景下，技术创新日益为政府和企业所重视，企业日益成为技术创新的主体。技术创新模式是企业创新体系的重要组成部分，技术创新模式的选择至关重要。在开展技术创新过程中，许多企业由于技术创新模式选择不科学，不仅影响到技术创新的效果，有的甚至关系到企业的发展成败。

大量研究表明，农业企业技术创新效益与该企业是否选择科学的技术创新模式有着直接的关系。吉林省农业企业大多是农产品加工企业，本书主要以农产品加工企业为例，对吉林省农业企业技术创新模式的选择进行分析。

5.1 技术创新模式的含义与分类

5.1.1 技术创新模式的含义

Dosi（1982）认为，技术范式是指通过一组已经设定的技术性问题，选择相应的科学原理以及特定的技术，得出相对稳定的解决该技术性问题的模型或方式。同时，Dosi（1982）认为新的技术范式总会伴随新的企业或新寡头的产生而出现。张胜男（2014）认为，技术创新模式是指创新主体进行创新时，采用的一种方式、样式或类型。它涉及技术的创造、技术选择、技术应用及技术扩散等要素，这些要素的不同配置会形成结构差异。综上，本研究认为，技术创新模式是指企业经过长期技术创新活动总结出来的，具有典型性和概括性，能够指导企业技术创新的发展方式。

5.1.2 技术创新模式的分类

技术创新尤其是技术创新模式选择是一项开始于理论研究而成熟于公司自身实践的发展过程，不同的阶段有不同的影响因素，这些影响因素的不同组合与不同的配置方式形成了技术创新模式上的差异。Arundel（2008）对近 5 000

家创新型企业进行调查，发现 50％以上的企业不进行研发，40％的企业进行内部研发，还有一部分企业将研发外包出去，研发创新的比例与企业的规模呈正相关。另外他还总结了中小企业技术创新模式，即技术导入式创新、反求模仿创新、集成创新、现有产品及工艺渐进性创新等。

随着技术创新模式研究的逐渐深入，研究领域也不断丰富。根据不同的要素组合和资源配置，技术创新模式的划分标准不同，分类也不一样。国内外学者主要从技术创新动力、技术来源、技术创新主体、技术创新程度等方面对技术创新模式进行分类，如图 5-1 所示。

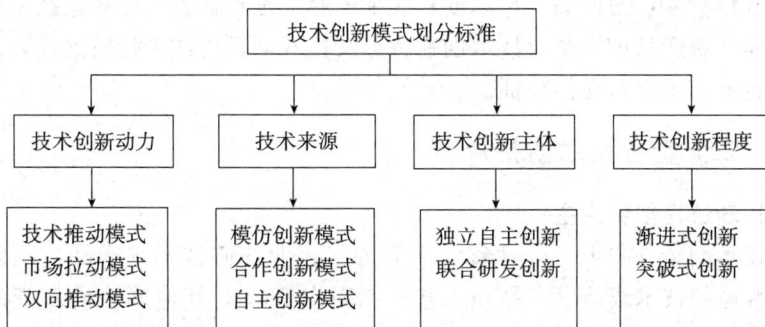

图 5-1　技术创新模式的分类

按照上述分类标准，并结合吉林省农产品加工企业的实际情况，本书借鉴傅家骥（1998）的研究成果，主要研究技术创新的三种经典模式，即按照技术来源将技术创新划分为模仿创新模式、合作创新模式、自主创新模式。

模仿创新模式是指企业技术创新采用模仿创新方式。模仿创新一是指对市场已有产品不做任何改进或再创新而直接模仿；二是指对市场已有产品引进、模仿后进行二次创新，达到或超越被模仿产品的技术水平。模仿创新模式的优点是方向性明确，具有高度的针对性，创新成本低；其缺点是被动性较强，易受法律保护壁垒的制约（李鸿飞，2018）。

合作创新模式是指企业技术创新采用合作创新方式。合作创新是指各创新主体根据自身发展需要，寻找合适的合作伙伴，在明确的合作规则指导下，通过优势互补和资源共享，共同进行一系列创新活动，获取利益，共担风险。合作创新模式的优点是实现资源共享，缩短技术创新周期，提升技术创新效率，且易于分散创新风险；缺点是不能独占技术创新成果，不能获取绝对垄断竞争优势。

自主创新模式是指企业技术创新采用自主创新方式。自主创新是指企业或其他创新主体凭借自身的力量，完成技术突破，同时依靠自身能力推动后续创新环节的完成，用新技术和新产品占据市场，获取经济效益，以实现技术创新活动的预期目标。自主创新模式的优点是有利于实现技术垄断，增强自身核心竞争力，引发后续创新，形成技术创新积累；其缺点是资源投入高且回报风险大，专业技术人才不易满足，市场开拓和宣传难度大。

5.2 吉林省农业企业技术创新模式发展现状

农产品加工企业是农业企业的重要组成部分。吉林省农业企业中，农产品加工企业数量多，占比高，技术创新成果丰厚，是吉林省农业企业技术创新的重要主体，农产品加工企业技术创新特点及技术创新模式选择情况代表了吉林省农业企业技术创新总体特征。

5.2.1 农业企业技术创新特点

（1）渐进性创新为主

在技术创新方向上，吉林省农产品加工企业核心技术（产品）的创新占74%，普通的技术改造（产品或工艺）创新占25%，其他属性的新产品占比1%。企业主要以小型的创新活动为主，很少有企业进行其他方向产品的创新或打破现有产品属性的创新，技术创新体现为渐进性创新为主。绝大部分农产品加工企业进行渐进性创新活动的主要原因，一方面是由农产品加工业的特质所决定，即主要对农产品进行粗、深加工，大多数企业都遵循农产品食品的属性进行开发；另一方面是由于吉林省农产品加工企业技术创新水平较低，不具备突破性创新所需要的技术条件。

（2）技术积累程度低

据调研，吉林省农产品加工企业不同于其他行业的企业，研发资金用于购买先进生产设备的企业69家，用于购买科研设备的56家，用于科技人员培训的53家，用于聘请专家的48家，委托科研院所研发项目的38家，用于购买专利的24家，用于独立研发项目的企业很少，只有29家。由于资金投入不足，吉林省农产品加工企业大多综合竞争力较弱，品牌影响力、技术积累程度相对较低。吉林省农产品加工企业在增加生产设备、工艺及技术和研发人员投入资金的同时，应注意强化自身技术水平的积累，以便快速提高产品竞争力。

（3）技术创新信息获取渠道狭窄

吉林省农产品加工企业技术创新信息来源为：大众媒体信息占17%、专业信息机构信息占11%、产品市场信息占25%、科技市场信息占21%、同行业其他企业信息占23%、其他渠道信息占3%。主要信息获取渠道为产品市场、同行业其他企业、科技市场以及大众媒体，来源于专业信息机构信息较少。企业技术创新信息获取渠道相对狭窄，技术创新信息的前沿性、及时性相对较低，导致创新信息存在一定的滞后性，造成其在技术创新战略选择上出现失误甚至失败。

（4）低水平的技术设备

据调研，吉林省农产品加工企业技术设备大部分都处于较低水平。从吉林省农产品加工企业技术设备先进程度对比情况看，国际领先技术占比 5%，国内领先技术占比 18%，省内领先技术占比 47%，普通工艺技术占比 30%。被调研的企业中技术设备大部分都处于省内先进或普通工艺的水平，设备技术水平相对落后，大部分企业在技术创新过程中进行自主创新相对困难，更多的企业进行模仿创新和合作创新。

5.2.2 技术创新模式选择现状

近年来，吉林省农产品加工企业技术创新取得了长足发展。吉林省政府对龙头企业的研发经费投入达 21 亿元，银行贷款 110 亿元，累计固定资产贷款贴息 3.9 亿元，资本投入近 230 亿元，扶持了近 200 个重点项目。目前，215家企业建有专门的研发机构，拥有各类农业科技人员 25 146 人，其中技术研发人员 7 894 人，占总人数的 31.39%。258 家企业拥有自己的质检中心，政府在质检技术及设备方面每年投入达 5 亿多元。农产品加工业技术创新方面取得了以玉米及人参深加工、秸秆回收利用、动物血液内脏开发等为代表的一批创新成果。

通过 2018 年调研可知，吉林省农产品加工企业在技术创新模式选择上，既有选择单一创新模式的企业，也有选择两种及以上创新模式的企业。如图5-2 所示，在被调研的 78 家企业中，选择单一技术创新模式的企业有 40 家，其中，选择自主创新模式的企业有 17 家、选择模仿创新模式的企业有 5 家、选择合作创新模式的企业有 18 家；选择两种模式的企业共有 24 家，其中，选择自主创新与合作创新模式相结合的企业有 18 家、选择自主创新与模仿创新模式相结合的企业有 1 家、选择模仿创新与合作创新模式相结合的企业有 5家；选择三种模式相结合的企业有 14 家。

不同的企业在进行技术创新时有不同的技术创新模式选择，各种技术创新模式也有其自身的特点。进行模仿创新的企业一般资金实力较弱，研发人员不足，企业综合竞争力弱。但可节约企业在产品研发及市场开发方面的投入，降低投资风险。合作创新模式包括企业与企业之间的合作以及企业与大专院校和科研院所的合作。选择合作创新模式的企业，拥有一定的技术积

（家）

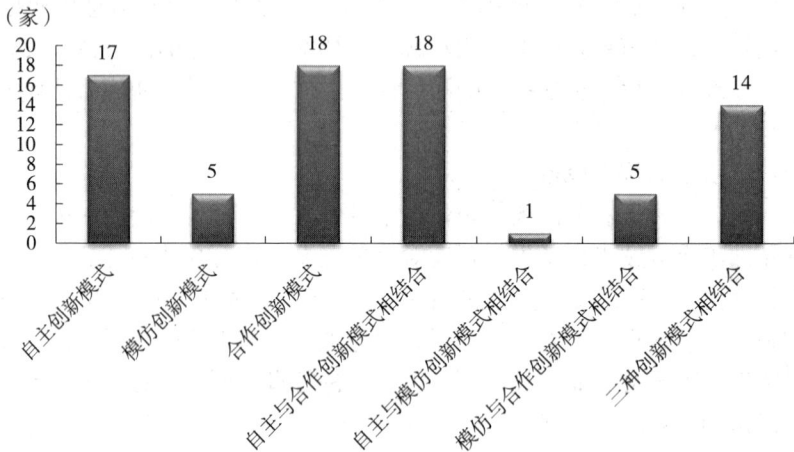

图 5-2　吉林省农产品加工企业技术创新模式选择情况

累和研发人员，拥有自己的优势技术资源，对技术创新所需的其他资源选择合作方式获取，实现资源共享、风险共担。自主创新模式体现了企业利用其核心技术生产出新产品的方式，进行自主创新的企业要有雄厚的资金、充足的研发人员、完善的规章制度等。通过调研发现，吉林省农产品加工企业选择单一模式的企业较多；在复合模式选择上过度依赖自主创新与合作创新相结合的模式，甚至有些企业三种模式同时选择，不分主次。总的来看，吉林省农产品加工企业技术创新模式选择上普遍存在盲目、无依据现象，在一定程度上制约了企业技术创新活动的发展，阻碍了企业技术创新水平的提升。

　　另外，通过对典型农产品加工企业的技术创新模式调研发现，有的企业除了上述三种技术创新模式以外，还有其他模式。如对吉林省资深粮食加工业企业（为保护企业隐私，以 DC 代替企业名称）进行调查发现，DC 公司的技术创新模式共有 5 种（图 5-3），分别为模仿创新、合作创新、自主创新、技术外包、购买引进现成的技术成果。可以看出，在 DC 公司的技术创新模式中，自主创新和模仿创新所占的比重相对较大，分别为 32％和 30％，其次是技术外包，占比为 15％，购买引进现成的技术成果和合作创新占比较低，分别为 12％和 11％。

　　经过实地调研了解，在玉米淀粉产业中，DC 公司处于国内领先地位，其蛋白饲料产品引领全国领先技术，占有一定的国内市场份额，该产品主要技术为自主研发技术。DC 公司的研发人员和研发资金投入较大，其自主研发比例高达 32％，占比最高，说明 DC 公司具有较强的自主研发能力。从前人研究成

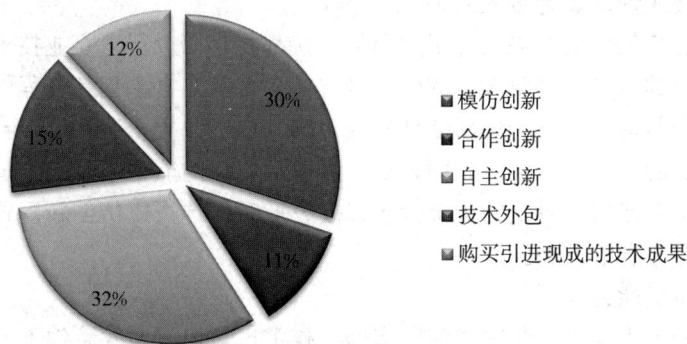

图 5-3　DC 公司技术创新模式选择情况

果来看，合作创新是农业企业采用最多的技术创新模式，也是比较适合的技术创新模式。但是，合作创新是 DC 公司中占比最低的一种技术创新模式，这与前人研究成果非常不符。而且，既然 DC 公司自主研发能力较强，那么，其模仿创新的比重高达 30% 应有些偏大。这在一定程度上说明，DC 公司不同技术创新模式的结构不尽合理。

5.3　吉林省农业企业技术创新模式选择影响因素分析

5.3.1　内部影响因素分析

借鉴宋俊超（2007）、鄢平（2010）、张琼琼（2011）、朱建民和朱彬（2015）等已有研究成果，结合企业实际情况，本书最终选取被广泛应用于影响技术创新及创新模式选择的典型内部因素进行研究，共包括 9 个具体指标。

（1）领导创新意识

企业家是否拥有技术创新意识对企业的创新方向有很大影响。企业家创新意识也会反映到企业创新文化上，若企业家对创新的重要性认识不足，创新意识差，企业创新文化趋向于技术引进或完全模仿创新模式；若企业家对创新的认识深刻，重视技术创新，企业拥有技术或产品领先的意识，企业会更愿意选择自主创新或合作创新模式。

（2）技术人员数量

人才是企业发展的第一大要素，企业的技术创新活动需要技术人员作为支撑。企业技术人员的数量关系到企业技术创新的开展情况，技术人员充足，拥有自己的科研团队，研发能力相对较强，在竞争中就会占有优势。因此，企业技术人员数量越多，企业的创新能力相对越强，越适宜采取自主创新的模式，以获取高额的垄断利润，增强企业竞争力。

（3）技术创新资金投入能力

企业的任何活动如果离开了资金的支持都将难以进行。企业技术创新活动是一个持续的行为，需要大量的资金做支持，尤其在自主创新过程中，任何一个环节的中断都会使整个创新活动失败。与其他工业类企业相比，吉林省农产品加工企业的资金实力相对较弱，从外界获取资金的能力不足，渠道狭窄。当农产品加工企业用于研发的资金投入强度较低时，选择模仿创新模式或合作创新模式则更有利于发展。

（4）研发能力

研发能力主要指企业在当前所掌握的技术、知识或研发条件下，开发出符合市场需求产品的能力，是企业创新资源积累程度的重要体现。研发能力受企业规模的影响。大型企业人才、资金、技术等资源积累深厚，研发能力较强，宜选择自主创新模式或合作创新模式；小微企业对资源积累的程度较低，研发能力较弱，宜选择模仿创新模式。

（5）市场反应能力

市场反应能力是企业通过搜集信息，及时了解消费者需求，并快速生产出令消费者满意的产品，从而率先占领产品市场的能力。市场反应能力是企业灵活性、敏锐性的一种表现，是对市场反应速度的体现。一般来说，小微企业比较灵活，充满活力，对市场反应较快，为了获取短期经济效益，适合选择模仿创新模式。

（6）营销能力

营销能力是指企业在市场上进行有效的经营开发、销售服务等活动的能力。企业营销能力的强弱除了与销售人员素质有关，还与企业知名度、品牌影响力等有关。企业知名度高，品牌影响力大，拥有成熟的销售渠道，营销能力较强，有利于选择自主创新模式。

（7）与外部合作程度

企业与外部合作程度主要指技术合作关系的紧密程度即企业与其他企业或科研机构、高等院校合作的紧密程度。当企业与外部合作紧密度较高时，企业创新资源和条件有稳定的保障，企业更倾向于利用现有的合作关系进行创新，有利于企业选择合作创新模式。

（8）创新机构设置

创新机构的设置可以整合创新活动中各方面的资源，使资源能够发挥应有的作用。企业拥有健全的创新机构，各项资源配置高效，技术创新过程有保障，创新效率高，适合自主创新模式；企业创新机构设置不健全或没有创新机构，技术创新效率会降低，适合选择合作创新模式或模仿创新模式。

（9）企业激励政策

技术创新的实施需要通过技术人员、管理人员等来实现，企业的激励政策会影响技术人员的创新积极性和创新方向。健全的激励政策有助于进行技术创新活动，而不健全的创新激励政策或激励程度不够都可能导致相关人员创新积极性不高，自主创新活动进行比较困难，更多地需要依靠与外界合作开发或购买技术、模仿同类产品等方式去实现技术创新活动。

5.3.2　外部影响因素分析

本书借鉴前人研究成果，结合企业外部环境的具体情况，最终选取被广泛应用于影响技术创新及模式选择的典型外部因素进行研究，共包括 8 个具体指标。

（1）行业市场竞争状况

企业所处行业的市场竞争程度不同，对企业技术创新的影响效果也不同，若行业处于垄断市场状态，企业获得先进技术设备更困难，且交易成本过高，此时，有条件的企业可能进行自主研发，大部分企业可能选择模仿创新模式或合作创新模式。

（2）人才市场

企业生产经营离不开人的因素，自主创新需要大量科研、管理人员的投入。人才市场越发达，能够提供给企业的创新人才就越多，越有利于企业选择自主创新模式。

（3）金融服务支持

吉林省农产品加工企业普遍资金实力较弱，很多企业的资金情况不足以保障企业进行自主创新活动，在技术创新过程中容易出现资金中断，甚至造成技术创新活动的失败。银行贷款、风险投资、政策性融资等金融支持方式直接关系到企业选择哪种模式进行技术创新，对企业有利的金融服务支持有助于企业选择自主创新模式。

（4）创新服务体系

企业进行技术创新活动需要多方面的支持与保障，创新服务体系的完善程度直接影响到企业技术创新模式的选择。若创新服务体系完善，服务系统化，创新环境优良，创新资源得到充分、有效的配置，则有助于企业进行自主创新模式的选择；否则，企业更倾向选择模仿创新或合作创新模式。哪种技术创新服务体系完善，就会影响企业通过该种模式进行创新活动。

（5）产品适用原则

产品适用原则是指当需要创新的产品技术含量高，产品技术领先时，外界模仿的成本较高，市场上的模仿者会相对很少，表明产品的适用性较高，此时企业则倾向于选择自主创新或合作创新模式；当产品的技术水平处于中下等水平时，模仿成本相对较低，则倾向于选择模仿创新模式。

（6）技术获得的难易程度

对于农产品加工企业来说，由于自身实力相对较弱，加之其生产所需的设备和技术科技含量不是很高，在技术市场竞争激烈或技术交易费用低廉的情况下，会产生大量的先进技术，因此，很多企业可能会选择技术购买的模仿创新模式；反之，则会选择合作创新或自主创新模式。

（7）政策环境

政策环境是企业活动的导向，引导企业的发展方向。政府的人才、产业、金融等各方面的支持政策侧重点在哪个方向，企业技术创新路径选择就会被导向到哪里，所以，要鼓励发展技术创新就需要政府部门给予相应的政策支持，根据不同模式制定不同政策，引导不同企业进行技术创新活动。

（8）行业内创新氛围

企业若处在一个文化素养高，接受新鲜事物能力强，积极创新的行业文化氛围中，不仅消费者容易接受新产品，科研人员也热衷于开发新产品，促进企业不断推陈出新，产品更新换代频率加快，有利于企业选择自主创新模式；反之，该行业创新文化氛围传统、保守，不积极创新，消费者不易接纳新产品，科研人员创新思维和意愿受到抑制，企业可能会更愿意选择模仿同类畅销产品，有利于企业选择模仿创新模式。

5.3.3　企业规模因素分析

企业规模不同，综合实力不同，技术创新能力存在很大差异。大型企业的资金、科研人员相对较多，机构设置、组织架构完善，规章制度健全，对技术创新保障能力强；中型企业相对于大型企业在各方面条件上可能稍差一些，小微企业无论是资金、科研人员还是技术储备上都相对更弱，所以技术创新能力最差。不同规模的企业适合的技术创新模式也有所差异，本书根据国家统计局发布的《国民经济行业分类》（GB/T 4754—2017）对企业规模进行划分，如表5-1所示。

表 5-1　企业规模的划分标准

行业名称	指标名称	计量单位	微型	小型	中型	大型
工业	从业人员（N）	人	$N<20$	$20{\leqslant}N<300$	$300{\leqslant}N<1\,000$	$N{\geqslant}1\,000$
	营业收入（M）	万元	$M<300$	$300{\leqslant}M<2\,000$	$2\,000{\leqslant}M<40\,000$	$M{\geqslant}40\,000$

数据来源：国家统计局网站。

根据对不同规模企业的划分，结合技术创新具体模式的要求及特点，归纳出不同规模的企业适合选择的技术创新模式，如表 5-2 所示。

表 5-2　不同规模企业适宜选择的技术创新模式

企业规模	企业特点	适宜的技术创新模式类型
微型	①资金短缺、人才流失、资源配置率低、资源闲置 ②营销、市场应对能力、研发能力严重不足 ③市场份额小、知名度低、竞争力弱，反应能力强	宜选择模仿创新模式
小型	①资金、人员等资源相对不足 ②生产、制造能力相对较弱，技术经验积累不足 ③企业知名度低，对于各种资源的获取有限，合作机会少，但市场反应能力强	宜选择模仿创新模式
中型	①企业在资金、人力资源等方面有了一定积累 ②生产、制造、组织协调和营销能力一般 ③企业知名度一般，获得资源的能力一般，与外界合作机会较多	宜选择合作创新或自主创新模式
大型	①企业资金实力强，技术人员充足，抗风险能力强 ②生产、制造能力和技术水平达到很高的程度，机构设置、规章制度完善 ③企业知名度高，客户群稳定 ④寻求高额的利润和稳固的市场领先地位	宜选择自主创新或合作创新模式

上述内、外部影响因素，也称为影响企业技术创新模式选择的内外部指标。为简化描述，用代码表示各影响因素，如表 5-3 所示。

表 5-3　影响因素及其代码

内部影响因素	代码	外部影响因素	代码	企业规模因素	代码
领导创新意识	Q_1	行业市场竞争状况	Q_{10}	微型	Z_1
技术人员数量	Q_2	人才市场	Q_{11}	小型	Z_2
技术创新资金投入能力	Q_3	金融服务支持	Q_{12}	中型	Z_3
研发能力	Q_4	创新服务体系	Q_{13}	大型	Z_4
市场反应能力	Q_5	产品适用原则	Q_{14}		
营销能力	Q_6	技术获得的难易程度	Q_{15}		
与外部合作能力	Q_7	政策环境	Q_{16}		
创新机构设置	Q_8	行业内创新氛围	Q_{17}		
企业激励政策	Q_9				

5.4 吉林省农产品加工企业技术创新模式选择案例分析

本研究在农业企业技术创新模式选择影响因素分析的基础上，拟在吉林省食品制造业、食品加工业和酒、饮料、精制茶业中分别选择 1 个具有代表性的企业进行案例分析，通过构建农产品加工企业技术创新模式选择模型，分析案例企业在现有条件下企业技术创新模式的合理选择。

企业在开展技术创新活动之前，会根据自身的内外部环境，探索并选择适合企业发展的技术创新模式。上述分析表明，企业技术创新模式内外部影响因素构成了企业技术创新的内外部环境，如果能够将其量化，则可以通过构建模型，帮助企业探索合适的技术创新模式。具体思路如下：①通过合理设计调查问卷，初步获取内外部影响因素对案例企业技术创新模式选择的影响情况量化指标。②采用萨蒂 1～9 标度法，邀请专家就内外部影响因素对技术创新模式的影响情况进行赋权，即对初步获取的影响因素量化值进行加权，得到内外部指标的加权评分。由于各因素对技术创新模式选择的影响程度不同，加权处理，以使其信息含量能够充分体现实际情况。③采用 TOPSIS 法，构建技术创新模式选择与其影响因素关系模型，分析案例企业在现有条件下适宜选择的技术创新模式。

5.4.1 指标量化与模型构建

5.4.1.1 问卷设计

本研究在吉林省食品制造业、食品加工业和酒、饮料、精制茶业中分别选择一个具有代表性的企业发放问卷。2018 年 11 月实施问卷调研。问卷内容主要由三部分组成：第一部分为企业基本概况，主要包括所属行业、成立时间、主营业务收入区间、员工人数、所属规模等信息；第二部分为企业技术创新模式情况，包括企业目前的技术创新模式、选择该技术创新模式的原因、在选择该技术创新模式过程中希望获得的支持等信息；第三部分为量化指标，为影响企业技术创新模式选择的内外部因素共计 17 个题项，该部分包括 3 个子问卷，设计成打分表形式，分别考查企业选择模仿创新模式、上述影响因素的影响程度，企业选择合作创新模式、上述影响因素的影响程度，企业选择自主创新模式、上述影响因素的影响程度。

委托企业负责人将调查问卷的第三部分以内部调研的方式发放给企业管理层和研发人员，共发放 30 份，每份 3 个打分表，并按 1～6 分对各指标进行评分。为控制问卷理解偏差产生的影响，做出了相应解释：若选择拟确定的技术创新模式，该指标对企业会产生如下影响，"1"表示该指标对技术创新模式选择有重大威胁或劣势，"2"表示中等威胁或劣势，"3"表示一般威胁或劣势，"4"表示一般机会或优势，"5"表示较大机会或优势，"6"表示巨大机会或优势。

对于企业规模指标，设最低值为 0，最高值为 4，0 表示企业处于资源极度匮乏，无法进行任何创新的极限状态；1～4 分别表示企业所处规模，即微型为 1、小型为 2、中型为 3、大型为 4。

5.4.1.2　内外部指标赋权

内外部指标即构成内外部影响因素的各项指标。借鉴萨蒂 1～9 标度法对各指标进行赋权，具体方法前文已介绍。2018 年 11 月，邀请 5 位技术创新领域专家、5 位企业技术人员和 5 位企业高管，对各因素间的重要性程度进行赋权。内部因素间的权重比较如表 5-4 所示，外部因素间的权重比较如表 5-6 所示。

表 5-4　内部影响因素指标权重判定表

内部指标	Q_1	Q_2	Q_3	Q_4	Q_5	Q_6	Q_7	Q_8	Q_9	指标权重
Q_1	1	4	2	3	7	8	6	9	2	0.2873
Q_2	1/4	1	1/3	1/2	4	5	3	3	2	0.1036
Q_3	1/2	3	1	2	7	8	5	4	4	0.220 6
Q_4	1/3	2	1/2	1	6	7	4	5	3	0.162 1
Q_5	1/7	1/4	1/7	1/6	1	1/2	1/3	3	1/4	0.027 8
Q_6	1/8	1/5	1/8	1/7	2	1	1/4	2	1/5	0.027 2
Q_7	1/6	1/3	1/5	1/4	3	4	1	5	1/2	0.058 2
Q_8	1/9	1/3	1/4	1/5	1/3	1/2	1/5	1	1/6	0.021 5
Q_9	1/2	1/2	1/4	1/3	4	5	2	6	1	0.0917

注：数据采用 Excel 进行运算，具体方法见第四章第二节。

如表 5-4 所示，各因素间的重要性程度比较结果构成一个判断矩阵。在对多因素进行比较时，人们往往难以保证比较前后的一致性。只有使这种不一致的程度保持在一个允许的范围内，判断矩阵才能使用，这就需要对判断矩阵进行一致性检验。当一致性系数 $CR < 0.1$ 时，代表判断矩阵通过一致性检验；当 $CR \geqslant 0.1$ 时，则需对判断矩阵进行修正。

本研究中，具体计算方法见第四章第二节，一致性检验的计算过程通过 Excel 完成，其中 RI 为平均随机一致性指标，见表 5-5，计算结果为：

$n = 9, \lambda_{max} = 9.801\ 129; CI = 0.100\ 141; RI = 1.46; CR = 0.068\ 6 < 0.1$

该判断矩阵通过一致性检验。

表 5-5　平均随机一致性指标 **RI** 表（1 000 次正互反矩阵计算结果）

矩阵阶数	1	2	3	4	5	6	7	8	9	10
RI	0	0	0.52	0.89	1.12	1.26	1.36	1.41	1.46	1.49

同理，外部影响因素指标权重判定矩阵如表 5-6 所示。

$n = 8, \lambda_{\max} = 8.272\,652; CI = 0.038\,95; RI = 1.41; CR = 0.027\,6 < 0.1$

该判断矩阵通过一致性检验。

表 5-6　外部影响因素指标权重判定表

内部指标	Q_{10}	Q_{11}	Q_{12}	Q_{13}	Q_{14}	Q_{15}	Q_{16}	Q_{17}	指标权重
Q_{10}	1	6	1/3	4	2	1/2	2	5	0.151 3
Q_{11}	1/6	1	1/8	1/3	1/4	1/7	1/5	1/2	0.023 2
Q_{12}	3	8	1	6	5	2	4	7	0.329 3
Q_{13}	1/4	3	1/6	1	1/2	1/5	1/3	2	0.048 1
Q_{14}	1/2	4	1/5	2	1	1/4	1/2	3	0.075 3
Q_{15}	2	7	1/2	5	4	1	3	6	0.232 9
Q_{16}	1/2	5	1/4	3	2	1/3	1	4	0.107 0
Q_{17}	1/5	2	1/7	1/2	1/3	1/6	1/4	1	0.032 9

注：数据采用 Excel 进行运算，具体方法见第四章第二节。

5.4.1.3　技术创新模式选择的内外部环境分析

借鉴李鸿飞（2018）观点，设置技术创新模式选择的内外部环境分析坐标图。可知，最低评分为 1，最高评分为 6，临界值为 3.5，处于 1～3.5 即为威胁或劣势，处于 3.5～6 即为机会或优势。图 5-4 分为四个区域，当技术创新

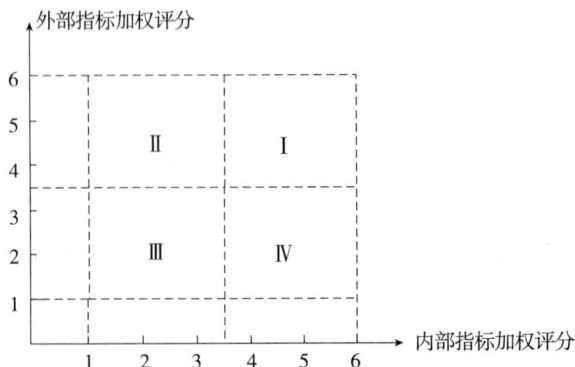

图 5-4　技术创新模式选择的内外部环境分析

模式选择的评价指标得分处于Ⅰ区域时，企业内部优势大于劣势，外部环境机会大于威胁；当技术创新模式选择的评价指标得分处于Ⅱ区域时，企业内部优势小于劣势，外部环境机会大于威胁；当技术创新模式选择的评价指标得分处于Ⅲ区域时，企业内部优势小于劣势，外部环境机会小于威胁；当技术创新模式选择的评价指标得分处于Ⅳ区域时，企业内部优势大于劣势，外部环境机会小于威胁。

5.4.1.4　模型构建

把影响技术创新模式选择的内部指标和外部指标分别放置于 X 轴、Y 轴上，把确定的企业规模放置于 Z 轴上，从而形成了一个三维坐标系，如图 5-5 所示。任意得到的一个空间点 P（X_i，Y_i，Z_i）表示企业所面临的内外部环境，其中 X、Y、Z 分别表示内部指标加权评分，外部指标加权评分和企业规模大小，i 表示不同类型的技术创新模式。如果能够找到一个参照点与之进行比较，则可以评价该点技术创新模式选择是否适宜。

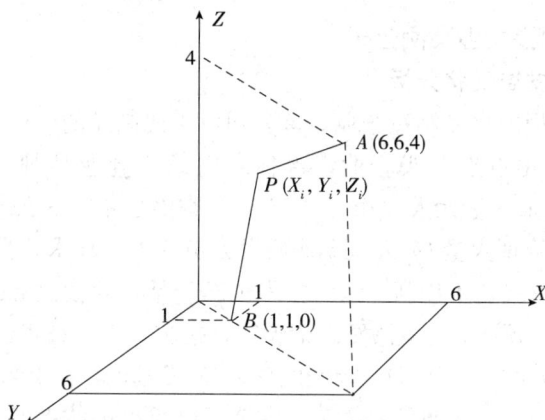

图 5-5　技术创新模式选择与其影响因素关系模型

于是，引入 TOPSIS 法。

TOPSIS 法常用于多目标决策分析，其原理是通过确定评价对象中各方案到最优解与最劣解的距离来确定应选择的最佳方案。首先，根据 TOPSIS 法，确定理想解（最优解）和负理想解（最劣解）。如图 5-5 所示，假设理想解为 A（6，6，4），表明处于该点时企业外部有极大的机会，内部有极大的优势，公司为大型企业；负理想解为 B（1，1，0），表明处于该点的企业外部受到极大的威胁，内部有极大的劣势，公司创新资源极度受限。点 P（X_i，Y_i，Z_i）代表企业现有技术创新模式，点 P（X_i，Y_i，Z_i）与理想解 A（6，6，4）和负理想解 B（1，1，0）的距离分别为 Sd_i^+、Sd_i^-，如式（5-1）、式（5-2）

所示：

$$Sd_i^+ = \sqrt{(X_i-6)^2+(Y_i-6)^2+(Z_i-4)^2} \qquad (5\text{-}1)$$

$$Sd_i^- = \sqrt{(X_i-1)^2+(Y_i-1)^2+(Z_i-0)^2} \qquad (5\text{-}2)$$

设点 P（X_i，Y_i，Z_i）对理想解 A（6，6，4）的接近程度为 C_i，C_i 的计算公式如下：

$$C_i = 1 - \frac{Sd_i^+}{Sd_i^- + Sd_i^+} \qquad (5\text{-}3)$$

C_i 在 0～1，即 $0 \leqslant C_i \leqslant 1$，当 $C_i = 0$ 时为最劣解；$C_i = 1$ 时为最优解，$i =$ 1，2，3 分别代表三种不同的技术创新模式，即合作创新模式、模仿创新模式、自主创新模式；C_i 数值越大，说明所代表的技术创新模式越接近理想模式，最后得出该企业的最优技术创新模式选择的方案。

5.4.2 吉林省农产品加工企业技术创新模式选择典型案例分析

5.4.2.1 食品制造企业案例分析

(1) G 公司发展现状分析

G 公司是典型的食品制造企业，该公司以牛奶制品的生产及销售为主，是国家级农业产业化重点龙头企业，吉林省内第一乳业品牌。G 公司成立于 2001 年，注册资金 3 亿元人民币，2013 年在香港上市。G 公司现有职工总数为 661 人，其中管理人员 67 人、专业研发人员 5 人、技术人员 35 人。

G 公司领导重视技术创新，认为技术创新包括运营模式和组织管理等，需要通过股权激励、新产品开发激励政策和奖励措施等激励技术创新活动的开展。在研发机构设置方面，G 公司在天津建有奶酪研发基地，在上海设有乳品业务总部及乳品销售中心。在奶源控制方面，G 公司巴氏灭菌技术的温度可以控制在 60～72℃，时间控制在 25 分钟，充分保留了有益菌，菌落总数在 8 000～9 000 个，远远低于欧盟规定的 8 万～10 万个的标准，达到了可以直接饮用的程度。在技术设备方面，公司拥有先进的进口生产线及国产生产线，共计 40 余条，可生产液态奶、固态奶等产品，拥有国内领先的研发和检测仪器。在企业技术创新投入方面，2017 年研发投入 105.11 万元，占销售收入的 0.24%，新产品的市场占有率为 10% 以上。公司引进先进的生物菌种养殖技术，改善奶牛营养循环，解决奶牛排泄物处理及养殖区异味问题，降低了奶牛发病率。

G 公司注重与高校科研院所合作，目前与高校、科研院所合作项目有 4 个。G 公司目前的技术创新模式为合作创新与模仿创新相结合的技术创新模式。

（2）评价过程

利用前文确定的指标权重及在各技术创新模式下的评分值，计算出各指标的加权评分值，最后汇总计算内外部指标综合得分，以评价在选择某种技术创新模式时受到评价指标所形成的内外部环境的影响。

在合作创新模式下（表 5-7），G 公司的内部指标加权总评分为 4.72，外部指标加权总评分 4.50，规模为中型企业，$Z_3 = 3$，点 P（4.72，4.50，3）表明该公司选择合作创新模式时，内部优势明显大于劣势，外部发展机会明显大于威胁。

表 5-7　G 公司合作创新模式下内外部指标加权评分表

内部指标	权重	评分值	加权值	外部指标	权重	评分值	加权值
领导创新意识（Q_1）	0.287 3	5.00	1.44	行业市场竞争状况（Q_{10}）	0.151 3	4.60	0.70
技术人员数量（Q_2）	0.103 6	4.50	0.47	人才市场（Q_{11}）	0.023 2	4.50	0.10
技术创新资金投入能力（Q_3）	0.220 6	4.86	1.07	金融服务支持（Q_{12}）	0.329 3	4.50	1.48
研发能力（Q_4）	0.162 1	4.20	0.68	创新服务体系（Q_{13}）	0.048 1	3.96	0.19
市场反应能力（Q_5）	0.027 8	3.96	0.11	产品适用原则（Q_{14}）	0.075 3	4.50	0.34
营销能力（Q_6）	0.027 2	4.14	0.11	技术获得的难易程度（Q_{15}）	0.232 9	4.32	1.01
与外部合作程度（Q_7）	0.058 2	5.04	0.29	政策环境（Q_{16}）	0.107 0	5.00	0.54
创新机构设置（Q_8）	0.021 5	4.68	0.10	行业内创新氛围（Q_{17}）	0.032 9	4.50	0.15
企业激励政策（Q_9）	0.091 7	4.86	0.45	加权总评分（Y）	1.00		4.50
加权总评分（X）	1.00		4.72				

在模仿创新模式下（表 5-8），公司的内部指标加权总评分为 4.71，外部指标加权总评分 4.10，点 P（4.71，4.10，3）表明该公司选择模仿创新模式时，自身优势明显大于劣势，外部发展机会略大于威胁。

表 5-8　G 公司模仿创新模式下内外部指标加权评分表

内部指标	权重	评分值	加权值	外部指标	权重	评分值	加权值
领导创新意识（Q_1）	0.287 3	4.55	1.31	行业市场竞争状况（Q_{10}）	0.151 3	4.75	0.72

（续）

内部指标	权重	评分值	加权值	外部指标	权重	评分值	加权值
技术人员数量（Q_2）	0.103 6	4.90	0.51	人才市场（Q_{11}）	0.023 2	3.60	0.08
技术创新资金投入能力（Q_3）	0.220 6	5.10	1.12	金融服务支持（Q_{12}）	0.329 3	4.60	1.51
研发能力（Q_4）	0.162 1	5.10	0.83	创新服务体系（Q_{13}）	0.048 1	4.18	0.20
市场反应能力（Q_5）	0.027 8	4.35	0.12	产品适用原则（Q_{14}）	0.075 3	3.40	0.26
营销能力（Q_6）	0.027 2	3.46	0.09	技术获得的难易程度（Q_{15}）	0.232 9	3.40	0.79
与外部合作程度（Q_7）	0.058 2	3.28	0.19	政策环境（Q_{16}）	0.107 0	3.80	0.41
创新机构设置（Q_8）	0.021 5	4.55	0.10	行业内创新氛围（Q_{17}）	0.032 9	3.80	0.13
企业激励政策（Q_9）	0.091 7	4.80	0.44	加权总评分（Y）	1.00		4.10
加权总评分（X）	1.00		4.71				

在自主创新模式下（表 5-9），公司的内部指标加权总评分为 4.30，外部指标加权总评分 4.83，点 P（4.30，4.83，3）表明公司选择自主创新模式进行技术创新时，自身优势略大于劣势，外部发展机会明显大于威胁。

表 5-9　G 公司自主创新模式下内外部指标加权评分表

内部指标	权重	评分值	加权值	外部指标	权重	评分值	加权值
领导创新意识（Q_1）	0.287 3	3.23	0.93	行业市场竞争状况（Q_{10}）	0.151 3	3.60	0.54
技术人员数量（Q_2）	0.103 6	4.56	0.47	人才市场（Q_{11}）	0.023 2	5.15	0.12
技术创新资金投入能力（Q_3）	0.220 6	5.13	1.13	金融服务支持（Q_{12}）	0.329 3	5.30	1.75
研发能力（Q_4）	0.162 1	5.32	0.86	创新服务体系（Q_{13}）	0.048 1	4.56	0.22
市场反应能力（Q_5）	0.027 8	4.00	0.11	产品适用原则（Q_{14}）	0.075 3	4.56	0.34
营销能力（Q_6）	0.027 2	4.56	0.12	技术获得的难易程度（Q_{15}）	0.232 9	4.95	1.15
与外部合作程度（Q_7）	0.058 2	3.23	0.19	政策环境（Q_{16}）	0.107 0	5.10	0.55

（续）

内部指标	权重	评分值	加权值	外部指标	权重	评分值	加权值
创新机构设置 (Q_8)	0.021 5	4.75	0.10	行业内创新氛围 (Q_{17})	0.032 9	4.90	0.16
企业激励政策 (Q_9)	0.091 7	4.18	0.38	加权总评分 (Y)	1.00		4.83
加权总评分 (X)	1.00		4.30				

（3）评价结果

根据 G 公司内外部指标加权评分值，利用式（5-1）、式（5-2）、式（5-3），计算结果如表 5-10 所示，当选择合作创新模式时 $C_1=0.73$，选择模仿创新模式时 $C_2=0.69$，选择自主创新模式时 $C_3=0.72$，比较 C_1、C_2、C_3 的大小，$C_1 > C_3 > C_2$，说明 G 公司进行技术创新模式选择时，合作创新模式为最优选择，其次是自主创新模式，最后选择模仿创新模式。G 公司当前技术创新模式为合作创新和模仿创新模式相结合方式，如果选择合作创新模式与自主创新模式相结合将更为合理。

表 5-10　G 公司技术创新模式及其相关指标情况表

技术创新模式	i	$P\ (X_i,\ Y_i,\ Z_i)$	Sd_i^+	Sd_i^-	C_i
合作创新模式	1	$P\ (4.72,\ 4.50,\ 3)$	2.211 0	5.923 5	0.73
模仿创新模式	2	$P\ (4.71,\ 4.10,\ 3)$	2.504 8	5.689 8	0.69
自主创新模式	3	$P\ (4.30,\ 4.83,\ 3)$	2.293 2	5.878 7	0.72

5.4.2.2　农副食品加工企业案例分析

（1）H 公司发展现状分析

H 公司是典型的农副食品加工企业，该公司成立于 1998 年，是一家以从事种猪繁育，商品猪养殖、屠宰，肉制品加工、销售一体化经营的大型农牧开发公司，是国家级农业产业化重点龙头企业。公司目前设有饲料、农药、屠宰、生猪疫苗、投资、农业担保、物业、地产等分公司。年屠宰量 360 万头，拥有自己的冷链物流，自有车辆 80 余辆，肉制品品牌在东北地区知名度较高，冻品销往上海、湖南等地的 30 多个城市，出口俄罗斯等国家。

2017 年公司现有职工数量 1 650 人，销售收入 26.017 1 亿元，研发费用投入 980 万元，研发投入占销售额的比例为 0.38%，技术引进改造费用 500 万元。H 公司设有自己的研发机构，研发人员 40 人左右。共有 6 条现代化先进生产线，冷鲜肉目前可以分割为 200 多个品类，每年分割 80 万～90 万头商品猪，分割量达 30 万～40 万吨。

公司目前所采用的技术创新模式是合作创新模式，与科研机构、高校成功合作的技术创新项目有 2 个。

（2）评价过程

在合作创新模式下（表 5-11），内部指标加权总评分为 4.97，外部指标加权总评分 4.85，规模为大型企业，$Z_4 = 4$，点 P（4.97，4.85，4）表明该企业选择合作创新模式时，自身优势明显大于劣势，外部发展机会较大于威胁。可见，合作创新是 H 公司比较适合的技术创新模式。

表 5-11　H 公司合作创新模式下内外部指标加权评分表

内部指标	权重	评分值	加权值	外部指标	权重	评分值	加权值
领导创新意识（Q_1）	0.287 3	5.15	1.48	行业市场竞争状况（Q_{10}）	0.151 3	4.95	0.75
技术人员数量（Q_2）	0.103 6	4.75	0.49	人才市场（Q_{11}）	0.023 2	4.75	0.11
技术创新资金投入能力（Q_3）	0.220 6	4.95	1.09	金融服务支持（Q_{12}）	0.329 3	5.20	1.71
研发能力（Q_4）	0.162 1	4.75	0.77	创新服务体系（Q_{13}）	0.048 1	4.00	0.19
市场反应能力（Q_5）	0.027 8	4.00	0.11	产品适用原则（Q_{14}）	0.075 3	4.40	0.33
营销能力（Q_6）	0.027 2	4.36	0.12	技术获得的难易程度（Q_{15}）	0.232 9	4.75	1.11
与外部合作程度（Q_7）	0.058 2	5.32	0.31	政策环境（Q_{16}）	0.107 0	4.75	0.51
创新机构设置（Q_8）	0.021 5	4.95	0.11	行业内创新氛围（Q_{17}）	0.032 9	4.40	0.14
企业激励政策（Q_9）	0.091 7	5.32	0.49	加权总评分（Y）	1.00		4.85
加权总评分（X）	1.00		4.97				

在模仿创新模式下（表 5-12），内部指标加权总评分为 4.30，外部指标加权总评分 4.17，点 P（4.30，4.17，4）表明该公司选择模仿创新模式时，自身优势略大于劣势，外部发展机会略大于威胁。

表 5-12 H 公司模仿创新模式下内外部指标加权评分表

内部指标	权重	评分值	加权值	外部指标	权重	评分值	加权值
领导创新意识 (Q_1)	0.287 3	3.40	0.98	行业市场竞争状况 (Q_{10})	0.151 3	5.00	0.76
技术人员数量 (Q_2)	0.103 6	5.20	0.54	人才市场 (Q_{11})	0.023 2	3.60	0.08
技术创新资金投入能力 (Q_3)	0.220 6	5.20	1.15	金融服务支持 (Q_{12})	0.329 3	3.60	1.19
研发能力 (Q_4)	0.162 1	5.00	0.81	创新服务体系 (Q_{13})	0.048 1	3.80	0.18
市场反应能力 (Q_5)	0.027 8	3.65	0.10	产品适用原则 (Q_{14})	0.075 3	4.50	0.34
营销能力 (Q_6)	0.027 2	3.46	0.09	技术获得的难易程度 (Q_{15})	0.232 9	4.50	1.05
与外部合作程度 (Q_7)	0.058 2	3.85	0.22	政策环境 (Q_{16})	0.107 0	4.00	0.43
创新机构设置 (Q_8)	0.021 5	4.30	0.09	行业内创新氛围 (Q_{17})	0.032 9	4.32	0.14
企业激励政策 (Q_9)	0.091 7	3.40	0.31	加权总评分 (Y)	1.00		4.17
加权总评分 (X)	1.00		4.30				

在自主创新模式下（表 5-13），内部指标加权总评分为 3.56，外部指标加权总评分 4.25，点 P（3.56，4.25，4）表明该公司选择自主创新模式时，自身优势与劣势几乎相等，外部发展机会略大于威胁。

表 5-13 H 公司自主创新模式下内外部指标加权评分表

内部指标	权重	评分值	加权值	外部指标	权重	评分值	加权值
领导创新意识 (Q_1)	0.287 3	3.42	0.98	行业市场竞争状况 (Q_{10})	0.151 3	3.40	0.51
技术人员数量 (Q_2)	0.103 6	3.80	0.39	人才市场 (Q_{11})	0.023 2	5.00	0.12
技术创新资金投入能力 (Q_3)	0.220 6	3.40	0.75	金融服务支持 (Q_{12})	0.329 3	4.75	1.56
研发能力 (Q_4)	0.162 1	3.60	0.58	创新服务体系 (Q_{13})	0.048 1	4.20	0.20

（续）

内部指标	权重	评分值	加权值	外部指标	权重	评分值	加权值
市场反应能力（Q_5）	0.027 8	4.75	0.13	产品适用原则（Q_{14}）	0.075 3	3.60	0.27
营销能力（Q_6）	0.027 2	4.75	0.13	政策环境（Q_{16}）	0.107 0	5.15	0.55
与外部合作程度（Q_7）	0.058 2	3.00	0.17	行业内创新氛围（Q_{17}）	0.032 9	4.35	0.14
创新机构设置（Q_8）	0.021 5	4.56	0.10	技术获得的难易程度（Q_{15}）	0.232 9	3.80	0.89
企业激励政策（Q_9）	0.091 7	3.40	0.31	加权总评分（Y）	1.00		4.25
加权总评分（X）	1.00		3.56				

（3）评价结果

根据 H 公司内、外部指标加权评分值，利用式(5-1)、式（5-2）、式（5-3），计算结果如表 5-14 所示，当选择合作创新模式时 $C_1 = 0.82$，选择模仿创新模式时 $C_2 = 0.71$，选择自主创新模式时 $C_3 = 0.66$，比较 C_1、C_2、C_3 的大小，$C_1 > C_2 > C_3$，说明 H 公司进行技术创新模式选择时，合作创新模式为最优选择，其次是模仿创新，最后选择自主创新。研究结果表明，公司目前选择的合作创新模式是公司最优技术创新模式，该公司应按照该模式进一步加强技术创新。

表 5-14　H 公司技术创新模式及其相关指标情况表

技术创新模式	i	$P(X_i, Y_i, Z_i)$	Sd_i^+	Sd_i^-	C_i
合作创新模式	1	P（4.97，4.85，4）	1.543 8	6.825 2	0.82
模仿创新模式	2	P（4.30，4.17，4）	2.497 8	6.077 7	0.71
自主创新模式	3	P（3.56，4.25，4）	3.002 7	5.754 7	0.66

5.4.2.3　酒、饮料和精制茶制造企业案例分析

（1）B 公司发展现状分析

B 公司始建于 1936 年，2000 年进行改制，注册资本 8 997 万元，由两个生产基地和葡萄酒研发中心组建而成。公司拥有山葡萄原料和种植基地，野生山葡萄、北五味子自然保护区，全地下恒温橡木桶储酒窖，以及梅河口的万吨发酵站。主要产品有葡萄酒、滋补酒、洋酒、白酒等。曾获国家、轻工部、省、市各种奖项 40 余项，其中，干红山葡萄酒被中国绿色食品发展中心认证为"绿色食品"，是吉林省省级农业产业化重点龙头企业。

2017 年公司现有职工 310 人，研发人员 3 人，技术人员 6 人，本科及以上学历的有 4 人，中级以上职称的有 3 人。销售收入 7 843 万元，其中研发投入 12 万元，研发投入占销售额的比例为 0.15%。技术创新的资金为公司自有资金和内部集资，没有政府专项资金支持，生产设备属于省内领先的水平，对技术引进消化吸收的水平一般，没有相应的技术创新激励政策。

目前公司采用的主要技术创新模式是自主创新模式，2017 年有 2 个新产品。

（2）评价过程

在合作创新模式下（表 5-15），内部指标加权总评分为 4.16，外部指标加权总评分 4.83，规模为中型企业（$Z_3 = 3$），因此，点 P（4.16，4.83，3）表明该公司选择合作创新模式时，内部优势略大于劣势，外部机会较大于威胁。

表 5-15　B 公司合作创新模式下内外部指标加权评分表

内部指标	权重	评分值	加权值	外部指标	权重	评分值	加权值
领导创新意识（Q_1）	0.287 3	3.50	1.01	行业市场竞争状况（Q_{10}）	0.151 3	5.00	0.76
技术人员数量（Q_2）	0.103 6	4.75	0.49	人才市场（Q_{11}）	0.023 2	4.60	0.11
技术创新资金投入能力（Q_3）	0.220 6	4.75	1.05	金融服务支持（Q_{12}）	0.329 3	5.00	1.65
研发能力（Q_4）	0.162 1	4.56	0.74	创新服务体系（Q_{13}）	0.048 1	4.00	0.19
市场反应能力（Q_5）	0.027 8	4.50	0.13	产品适用原则（Q_{14}）	0.075 3	4.60	0.35
营销能力（Q_6）	0.027 2	4.56	0.12	技术获得的难易程度（Q_{15}）	0.232 9	4.60	1.07
与外部合作程度（Q_7）	0.058 2	3.50	0.20	政策环境（Q_{16}）	0.107 0	5.20	0.56
创新机构设置（Q_8）	0.021 5	4.75	0.10	行业内创新氛围（Q_{17}）	0.032 9	4.75	0.16
企业激励政策（Q_9）	0.091 7	3.50	0.32	加权总评分（Y）	1.00		4.83
加权总评分（X）	1.00		4.16				

在模仿创新模式下，如表 5-16 所示，内部指标加权总评分为 4.48，外部指标加权总评分 4.15，点 P（4.48，4.15，3）表明该公司选择模仿创新模式时，自身优势较大于劣势，外部发展机会略大于威胁。

表 5-16 B公司模仿创新路径下内外部指标加权评分表

内部指标	权重	评分值	加权值	外部指标	权重	评分值	加权值
领导创新意识（Q_1）	0.287 3	3.50	1.01	行业市场竞争状况（Q_{10}）	0.1513	5.15	0.78
技术人员数量（Q_2）	0.103 6	4.90	0.51	人才市场（Q_{11}）	0.023 2	4.00	0.09
技术创新资金投入能力（Q_3）	0.220 6	5.10	1.12	金融服务支持（Q_{12}）	0.329 3	3.80	1.25
研发能力（Q_4）	0.162 1	5.30	0.86	创新服务体系（Q_{13}）	0.048 1	3.42	0.16
市场反应能力（Q_5）	0.027 8	4.90	0.14	产品适用原则（Q_{14}）	0.075 3	3.80	0.29
营销能力（Q_6）	0.027 2	3.92	0.11	技术获得的难易程度（Q_{15}）	0.232 9	4.50	1.05
与外部合作程度（Q_7）	0.058 2	4.30	0.25	政策环境（Q_{16}）	0.107 0	3.80	0.41
创新机构设置（Q_8）	0.021 5	5.10	0.11	行业内创新氛围（Q_{17}）	0.032 9	3.60	0.12
企业激励政策（Q_9）	0.091 7	4.15	0.38	加权总评分（Y）	1.00		4.15
加权总评分（X）	1.00		4.48				

　　在自主创新模式下，如表 5-17 所示，内部指标加权总评分为 4.40，外部指标加权总评分 4.37，点 P（4.40，4.37，3）表明该企业选择自主创新模式时，自身优势略微大于劣势，外部发展机会略大于威胁。

表 5-17 B公司自主创新模式下内外部指标加权评分表

内部指标	权重	评分值	加权值	外部指标	权重	评分值	加权值
领导创新意识（Q_1）	0.287 3	5.40	1.55	行业市场竞争状况（Q_{10}）	0.1513	4.20	0.64
技术人员数量（Q_2）	0.103 6	3.50	0.36	人才市场（Q_{11}）	0.023 2	5.00	0.12
技术创新资金投入能力（Q_3）	0.220 6	3.60	0.79	金融服务支持（Q_{12}）	0.329 3	3.60	1.19
研发能力（Q_4）	0.162 1	4.15	0.67	创新服务体系（Q_{13}）	0.048 1	4.00	0.19

（续）

内部指标	权重	评分值	加权值	外部指标	权重	评分值	加权值
市场反应能力（Q_5）	0.027 8	4.80	0.13	产品适用原则（Q_{14}）	0.075 3	5.00	0.38
营销能力（Q_6）	0.027 2	4.80	0.13	技术获得的难易程度（Q_{15}）	0.232 9	5.00	1.16
与外部合作程度（Q_7）	0.058 2	5.60	0.33	政策环境（Q_{16}）	0.107 0	5.20	0.56
创新机构设置（Q_8）	0.021 5	4.40	0.09	行业内创新氛围（Q_{17}）	0.032 9	4.45	0.15
企业激励政策（Q_9）	0.091 7	3.60	0.33	加权总评分（Y）	1.00		4.37
加权总评分（X）	1		4.40				

（3）评价结果

根据 B 公司内外部指标加权评分值，利用式（5-1）、式（5-2）、式（5-3），计算结果如表 5-18 所示，当选择合作创新模式时 $C_1 = 0.71$，选择模仿创新模式时 $C_2 = 0.68$，选择自主创新模式时 $C_3 = 0.69$，比较 C_1、C_2、C_3 的大小，$C_1 > C_3 > C_2$，说明 H 公司进行技术创新模式选择时，合作创新模式为最优选择，其次是自主创新模式，最后选择模仿创新模式。公司目前选择自主创新模式，研究结果表明，公司现有技术创新模式非最优模式。由于技术创新模式调整难度较大，不能一蹴而就，公司可以考虑选择合作创新模式为主自主创新为辅的模式，逐步使技术创新模式与企业所处的内外部环境因素相协调。

表 5-18　B 公司技术创新模式及其相关指标情况表

技术创新模式	i	$P(X_i, Y_i, Z_i)$	Sd_i^+	Sd_i^-	C_i
合作创新模式	1	$P(4.16, 4.83, 3)$	2.398 9	5.801 3	0.71
模仿创新模式	2	$P(4.48, 4.15, 3)$	2.594 8	5.570 7	0.68
自主创新模式	3	$P(4.40, 4.37, 3)$	2.493 4	5.649 5	0.69

5.5　主要结论

本章通过文献研究和案例分析，着重探讨吉林省农产品加工企业技术创新模式选择是否科学合理，主要结论如下：

（1）通过调研表明，部分农产品加工企业的技术创新模式与企业实际不相符。现阶段，吉林省农产品加工企业进行技术创新过程中选择的模式大多数为单一模式，部分企业在复合模式选择上过度依赖自主创新与合作创新相结合的模式，甚至有些企业三种模式同时选择，没有形成主次分明的技术创新模式，最终导致技术创新效益不显著，或技术创新失败。结合企业实际，目前应主要以合作创新模式为主，其他模式为辅。

（2）通过案例分析表明，吉林省农产品加工企业技术创新的主要模式为合作创新。案例企业各模式与理想模式接近程度 C_1、C_2、C_3，其中，G 公司 $C_1 > C_3 > C_2$，G 公司当前技术创新模式为合作创新和模仿创新模式相结合方式，如果选择合作创新模式与自主创新模式相结合将更为合理；H 公司 $C_1 > C_2 > C_3$，H 公司目前选择的合作创新模式是公司最优技术创新模式，该公司应按照该模式进一步加强技术创新；B 公司 $C_1 > C_3 > C_2$，B 公司目前选择自主创新模式，研究结果表明，公司现有技术创新模式非最优模式，而合作创新模式为最优模式。

（3）通过案例分析，各案例企业技术创新模式选择的主要影响因素具体包括内部因素、外部因素和企业规模因素，其影响程度是不同的，就专家赋权和案例企业打分值来看，除个别情况外，表现出一些共性，即内部指标中领导创新意识、技术创新资金投入能力、研发能力、技术人员数量等对技术创新模式选择的影响程度较大，外部指标中金融服务支持、技术获得的难易程度、行业市场竞争状况、政策环境等对技术创新模式选择的影响也较大。

第 6 章
吉林省农业科技创新成果转化
实证分析

　　著名科学家钱学森曾提道："科技创新是 21 世纪的主题，一个国家若是科技实力不强，那他则无法立足于强国之林。"若想提高我国农业的国际竞争力、增强综合国力，科技创新和农业发展的紧密结合是必由之路。2019 年，我国大力推进科教兴农，取得明显成效，农业科技进步贡献率达到 59.2%①。科技创新落到实处才能发挥效益，关键在于成果转化。

　　吉林省是农业大省，也是国家老工业基地和重要的商品粮基地，拥有丰富的农业发展资源和较强的农业科技创新实力，形成了区域科技创新和转化的基础力量，但当前农业科技成果转化率仍然相对较低。以 2017 年为例，吉林省农业科技成果转化率仅为 36%，低于全国平均水平，与发达国家相比更是相去甚远（周杨，2018）。因此，探讨制约吉林省农业科技成果转化的主要因素，提高农业科技成果转化率，推动科技创新引领经济社会发展迫在眉睫。

　　本章研究脉络如下：①农业科技成果转化的内涵和关联主体界定；②吉林省农业科技成果转化的描述性分析；③通过文献阅读、实地调研、专家咨询等方式，确定吉林省农业科技成果转化的制约因素，构建制约因素指标体系；④利用灰色关联分析方法进行实证分析，分析各制约因素对吉林省农业科技成果转化影响程度的关联结果；⑤对实证结果进行讨论，为相关部门采取适当的提升策略提供依据。

6.1　农业科技成果转化的含义与关联主体界定

6.1.1　农业科技成果的含义

　　农业科技成果泛指农业方面的科学技术成果。农业部《农业科学技术成果

---

　　①　于文静. 2019 年我国农业科技进步贡献率达到 59.2%. www.bj. xinhuanet.com（新华网），2020-01-26.

鉴定办法（试行）》（1988）指出：农业科学技术成果是指在农业各个领域内，通过调查、研究、试验、推广应用，所提出的能够推动农业科学技术进步，具有较明显的经济效益、社会效益并通过鉴定或为市场机制所证明的物质、方法或方案。

按照研究性质，农业科技成果可以分为基础性研究成果、应用性研究成果和开发性研究成果。基础性研究成果大多以学术型研究成果为主，如理论、方法、模型等，这些成果对科学实践有一定的借鉴作用，一般不能直接转化为实际生产力；应用性研究成果主要来源于技术创新和系统研究，是科学研究过程中所产生的能够直接应用于生产实践的新手段、新材料、新方法、新品种、新设备等；开发性研究成果是为解决应用性研究成果在不同条件下遇到的技术难题而存在的。

6.1.2　农业科技成果转化的含义

《中华人民共和国促进科技成果转化法》（2015 年修订）指出，科技成果转化是指为提高生产力水平而对科技成果所进行的后续试验、开发、应用、推广直至形成新技术、新工艺、新材料、新产品，发展新产业等活动。

依据上述定义，本研究将"农业科技成果转化"界定为：为提高生产力水平而对科学研究与技术开发所产生的具有实用价值的农业科技成果所进行的后续试验、开发、应用、推广直至形成新产品、新工艺、新材料，发展新产业等活动。

农业科技成果转化是农业科技创新转变为实际生产力的必要过程。一般来说，农业科技成果转化包括三种：第一种是将理论上的农业科技成果转变为实物，即物化型的农业科技成果，这类成果主要有新种子、新化肥、新农机具和新农药等；第二种是将农业科技成果向实践方向转化，即操作型的农业科技成果，这类成果主要有农田耕作制度和作物的栽培技巧等；第三种是将成果转化为理论研究、发展规划和政策规制等，这类成果被称为知识型农业科技成果。

本研究的农业科技成果转化集中于应用性研究成果的转化，表现形式是把农业科技成果由潜在的、知识形态的生产力转为现实的、物质形态的生产力。

6.1.3　农业科技成果转化的关联主体及其互动效应

农业科技成果转化是一个复杂的系统工程，是由三大主体即研发主体、推广主体和采纳主体的协同互动及其效果构成的。研发主体主要包括高等院校、科研单位和部分涉农企业，其主要职能为科学研究、科技培训、基地建设和科技服务等；推广主体主要包括中介机构、合作组织、农技推广机构，其主要职能为宣传、推广、科技指导以及信息反馈等；采纳主体主要包括农民和涉农企业，其主要职能为采纳技术、应用成果、反馈信息等。随着大数据和互联网＋时代的到来，对农业科技成果转化主体产生了一定的影响，尤其是丰富了推广主体的业务范围和功能。

通过文献研究和实际观察可以发现，在农业科技成果转化过程中，各参与主体相互作用，围绕着农业科技成果转化，形成了一个协同互动系统，同时这一系统又受到政策、融资、市场完善程度等外围环境影响，如图 6-1 所示。

图 6-1 揭示了农业科技成果转化过程中各参与主体之间的相互关系。研发主体将其研发出的农业科技成果通过推广主体推广给采纳主体，实现科技要素的流动，而采纳主体则将自己的需求信息反馈给推广主体，再由推广主体反馈给研发主体，实现科技供给与科技需求的衔接，最终产生协同互动效应。在大数据和互联网＋背景下，信息沟通渠道网络化、便捷化，研发主体和采纳主体也可能不通过推广主体而直接联系，但两者之间仅限于少量的科技要素流动和少量的需求信息传递，更多的衔接是通过推广主体的间接传导达成的。外围的虚线框代表科技成果转化过程中外围的环境支持，环境因素是科技成果转化过

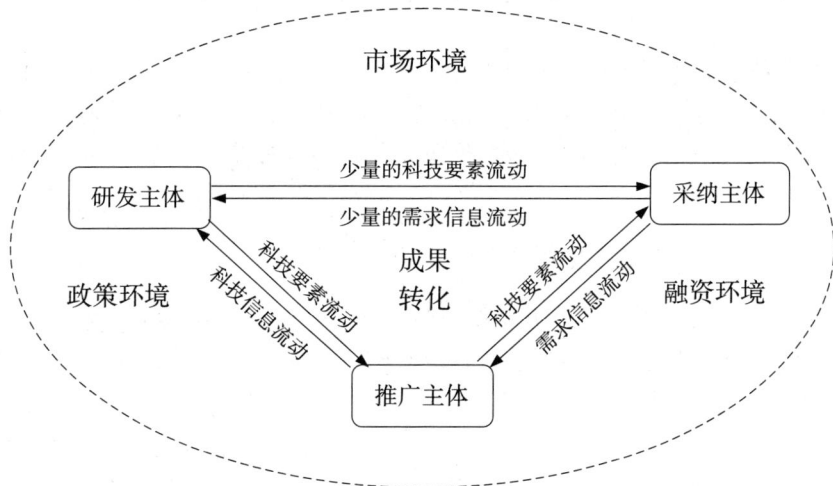

图 6-1 农业科技成果转化协同互动系统

程中研发主体、采纳主体与推广主体互动的外部条件，主要包括政府制定的相关政策、融资环境以及市场的完善程度等。研发主体、采纳主体和推广主体应组成一个有机的统一的整体，它们相互影响、相互制约，再加上外围的环境条件构成了农业科技成果转化协同互动系统。在适宜的外部环境中，如果科技研发与科技需求相符合，且推广主体中介功能得到充分实现，最终将产生良好的协同互动效果，促进农业科技成果的转化；反之，则不利于农业科技成果的转化。

在完善、发达的市场经济条件下，可以借助于市场机制的诱导功能，使农业科技成果转化主体——研发主体、采纳主体和推广主体之间形成良好的协同关系，建立有效的运行机制。然而，在现实中，研发主体往往不经过市场调研便开始立项，产生的科技成果大多只停留在中试车间，仅有的一部分流出的科技成果又由于缺乏市场、资金等因素也很难推广到采纳主体手中；即使到达采纳主体手中，也可能由于其经营规模小、投资能力有限、文化水平低等因素导致无法大面积推广；推广主体的"桥梁"作用也没有很好体现，不能将新技术、新成果信息及时传递到采纳主体手中，也不能将采纳主体的需求及时反馈给研发主体，而研发主体又不与采纳主体直接接触。以上诸多因素导致科技要素流动和科技需求信息衔接不畅，最终陷入农业科技成果转化难的怪圈，形成恶性循环。

6.2 吉林省农业科技成果转化的描述性分析

农业科技人才是农业科技成果研发和转化的能动性要素，有效的农业科技激励机制有利于推动农业科技成果的研发和转化，在此，将从农业科技人才、农业科技激励措施和主要科研单位农业科技成果及其转化三方面展开分析。

6.2.1 农业科技人才发展情况

2011 年以来，吉林省加大农业科技投入，增强科技服务农业的力度，农业科技活动服务人员逐年增加。全省农业科技人员由 2011 年的 1.39 万人增加到 2015 年的 1.49 万人，增长 6.9%，农业科技人员占全省科技活动人员比重由 2011 年的 9.96% 上升到 2015 年的 10.56%，农业科技人员占农业人口的比重由 2011 年的 0.107 7% 上升到 2015 年的 0.119 7%（表 6-1）。农业科技人才的不断增加，有利于促进农业科技成果转化，有利于进一步推动吉林省乡村振兴战略的实施，加快农民脱贫致富奔小康的步伐。

表 6-1　2011—2015 年吉林省农业科技人员数及占比

	2011 年	2012 年	2013 年	2014 年	2015 年
农业科技人员数（万人）	1.39	1.43	1.44	1.46	1.49
科技活动人员总数（折合万人）	13.96	14.58	13.89	14.64	14.11
农业人口数（万人）	1 291.34	1 283.23	1 270.16	1 253.52	1 243.73
农业科技人员占科技活动人员比重（％）	9.96	9.81	10.37	9，97	10.56
农业科技人员占农业人口比重（％）	0.107 7	0.111 2	0.113 5	0.116 3	0.119 7

数据来源：2011—2015 年吉林省国民经济和社会发展统计公报、2011—2015 年吉林统计年鉴。2015 年之后，吉林统计年鉴没有分类统计本研究相关的农业科技统计数据。

6.2.2　农业科技创新激励措施情况

为贯彻落实吉林省《关于深化科技体制改革加快推进科技创新的实施意见》，深入实施创新驱动战略，激励全省各级各类企事业单位的科研人员在科技创新过程中更加注重科技成果转化的积极性、创造性，促进科技与产业结合、科研人员与企业结合、科技成果与市场结合，提高科技成果转化率、人才对经济发展的贡献率，促进吉林省经济又快又好发展，2012 年，吉林省人社厅、科技厅、教育厅三部门联合制定并下发了《吉林省关于激励科研人员加速科技成果转化的暂行办法》（以下简称"办法"）。该《办法》旨在打破唯学历、唯资历、唯论文、唯身份现象，树立重能力、重水平、重业绩、重贡献的评价导向，使真正做出突出贡献的专业技术人才能够脱颖而出。该《办法》提出，科研人员的职称评定将根据其在科技创新和成果转化中做出的贡献份额，享受相应倾斜政策。

吉林省农业科技人才尤其是高端科技人才主要集中在科研单位和高等院校。2013 年开始，吉林省多次开展了农业科技人才认定工作，有多人享受了破格评聘正高级职称待遇。并为进一步落实农业科技成果转化股权奖励等激励政策，在中国科学院长春分院、吉林大学、长春工业大学、吉林农业大学、吉林省农业科学院 5 个单位启动了政策落实试点工作。

6.2.3　主要科研单位农业科技成果及转化情况

根据 2011—2015 年吉林统计年鉴和周杨（2018）统计，2015 年农业科技授权专利数目比 2011 年增长了近 60％，技术合同成交额略有增加；与科技事业发展方面所有的授权专利数和技术合同成交额相比较，增长较快，农业科技成果转移转化水平有所提高（表 6-2）。

表6-2　2011—2015年吉林省农业科技专利授权及技术转让情况

年份	农业科技		科技事业	
	授权专利（项）	技术合同成交额（亿元）	授权专利（项）	技术合同成交额（亿元）
2011	2 845	17.3	4 920	26.3
2012	2 974	19.5	5 923	25.1
2013	3 264	19.7	6 219	34.7
2014	4 333	18.7	6 696	28.2
2015	4 543	19.8	8 878	26.4

数据来源：2011—2015年吉林统计年鉴。2015年之后，吉林统计年鉴没有分类统计本研究相关的农业科技统计数据。

吉林省农业科学院和吉林农业大学是吉林省农业科技成果研发与转化的重要部门，承担了大部分研发与转化任务，也取得了显著成绩，下面分别予以介绍。

（1）吉林省农业科学院农业科技成果发展与转化情况

吉林省农业科学院（中国农业科技东北创新中心）是省政府直属的以应用研究为主，兼顾应用基础研究和公益性科技工作的综合性农业科研机构。近年来，吉林省农业科学院综合科研实力不断增强，在多个学科领域形成优势。大豆杂种优势利用研究达到国际领先水平，培育出世界第一个大豆杂交种"杂交豆1号"；规模化植物转基因技术达到国际先进水平，主要农作物种质资源和新品种选育居国内领先水平。

"十一五"以来，吉林省农业科学院共取得鉴定验收成果944项。获得授权专利（软件著作权）260件，发布标准107项。育成并通过审（认）定动植物新品种369个，获得植物新品种权153件。获得各类成果奖励334项，其中国家技术发明二等奖1项、国家科技进步二等奖8项、国家标准创新贡献三等奖1项。

2018年，吉林省农业科学院选育的优质圆粒香型水稻品种"吉粳816"，在"首届全国优质稻食味鉴评会"上荣获金奖，在"2018中国·黑龙江首届国际大米节稻米品鉴品评"活动荣获铜奖。2016/2017年度，吉林省中高端大米量价齐升，优质品种水稻覆盖率达到80%以上，平均价格达到12元/千克，带动农民增收10亿元以上。

2020年1月，吉林省农业科学院"黑土地玉米长期连作肥力退化机理与可持续利用技术创建及应用"项目荣获国家科学技术进步奖二等奖。项目整体达到国际先进水平，其中，胡敏酸结构特征与土壤酸化机制方面的研究达国际领先水平。近3年，在东北累计推广4 428.08万亩，增产玉米142.59万吨，增收 30.28 亿元。

2020 年 10 月，通过田间实地测量，"长农 39"大豆 4 535.25 千克/公顷，突破吉林省大豆 4 500 千克/公顷高产难关。

科技成果重在转化、应用和推广。吉林省农业科学院加速科技创新和科研成果的转化，据统计，每年有 150 余项成果技术在农业生产中推广应用，成果转化应用年新增社会效益 50 亿元以上，应用技术类成果转化率达到 60% 以上[①]。

（2）吉林农业大学农业科技成果发展与转化情况

吉林农业大学是吉林省农业与农村发展重要的人才培养摇篮和科技创新基地。吉林农业大学坚持以创新队伍建设为抓手，以平台建设为支撑，以产学研结合为纽带，以科研产出为导向，以成果转化生产力为目标，着力提升自主创新能力和科技成果转化能力。2016 年，首次设立校内科技推广基金项目，积极搭建校企横向合作平台，成为科技部第一批"星创天地"和吉林省技术转移试点单位；2018 年，科技成果转移转化实现新突破，荣获吉林省政府首批科技成果转化贡献奖；2019 年，"经济菌物省部共建协同创新中心"成为吉林省省属高校首个省部共建协同创新中心；2019 年，获批为教育部首批高等学校科技成果转化和技术转移基地。

"十二五"期间，吉林农业大学完成 18 项农业科技成果转化，转让金额417 万元。2015—2019 年，吉林农业大学大力推动科技成果转化，完成 61 项农业科技成果转化，转让金额 6 319.5 万元，授权专利 128 项，审定植物新品种 37 个（表 6-3）。与"十二五"期间相比，2015—2019 年，科技成果转移转化无论在数量还是金额上都有了显著提高。

表 6-3　2015—2019 年吉林农业大学农业科技成果鉴定验收及转化情况

年份	鉴定验收项目（项）	授权专利（项）	登记植物新品种（个）	成果转让数量（项）	成果转让金额（万元）
2015	183	—	7	2	15.5
2016	104	43	—	—	—
2017	176	16	9	12	293
2018	150	19	9	35	3 311
2019	150	50	12	12	2 700
合计	763	128	37	61	6 319.5

数据来源：根据吉林农业大学科研数据整理，其中"—"表示无统计数据。

---

① 数据来源于吉林省农业科学院官网"院所新闻-媒体报道"相关资料。

近年来，尽管吉林省加强了农业科技成果转移转化，但是农业科技成果转化率还比较低，还有很大潜力可以去挖掘。以 2017 年为例，吉林省农业科技成果转化率仅为 36%，低于全国平均水平，与发达国家相比更是相去甚远。

科技创新落到实处才能发挥效益，关键在于成果转化。突破吉林省农业科技成果转化率低的现实困境，必须探究转化率低的原因。因此，本研究的重点之一就是探究吉林省农业科技成果转化的制约因素。

6.3　吉林省农业科技成果转化制约因素选择分析

农业科技成果转化是一个复杂的系统工程，需多主体参与、多因素共同作用形成协同互动效应。尽管吉林省农业科技成果转化已取得了一定的成绩，但还存在诸多制约因素，严重影响了农业科技成果转化的效率和效果。为促进吉林省农业科技成果顺利转化，首先需找出是哪些因素阻碍了农业科技成果转化。

6.3.1　基于文献初步选择制约因素

6.3.1.1　筛选文献

关于农业科技成果转化，前人做了大量的研究，关于农业科技成果转化的制约因素，也积累了一定数量的文献资料，为本研究提供了坚实的研究基础。本研究采用文献检索法，检索中国知网（CNKI）期刊库，以获取相关文献。首先，考虑到科技进步的影响以及文献的时效性，本研究以 2000 年 1 月 1 日至 2019 年 10 月 31 日作为研究区间，以"农业科技成果＋成果转化""农业科技成果转化＋因素""农业科技成果转化＋影响因素""农业科技成果转化＋制约因素"为主题逐次检索，分别获取论文 1 531 篇、124 篇、36 篇和 70 篇。通过对论文题目的浏览，本研究认为以"农业科技成果转化＋制约因素"和"农业科技成果转化＋影响因素"为主题所检索到的论文其论文题目与本研究内容比较接近，于是将其作为研究文献的初步筛选范围，共 106 篇论文。

通过前述农业科技成果转化关联主体功能及其协同互动效应分析，不同的关联主体、不同的转化机制或模式下，农业科技成果转化的制约因素及其作用机制可能存在差异，在选取文献时应考虑这些情况。同时，考虑到文献的质量，尽量选用核心及以上期刊和高引用率的文章。借助知网（CNKI）的分类检索功能，最终选取了涉及农业科研院所（3 篇），农业高校（5 篇），农业科技企业（3 篇），中介机构（2 篇），农户（2 篇），相关吉林省的刊物、论文或调研报告（12 篇），农业科技成果转化机制（3 篇），农业科技成果转化模式

（5篇）以及其他关于农业科技成果转化制约因素的文献，共 40 篇，作为本研究农业科技成果转化制约因素的筛选对象。

6.3.1.2　整理分析制约因素

本研究整理出所选 40 篇文献的制约因素，经相关作者内部讨论，初步确定影响吉林省农业科技成果转化的制约因素。

经分析发现，影响农业科技成果转化的因素相对较繁杂，对涉及的制约因素进行了筛选整理。在筛选过程中，为了确保研究的科学性和合理性，需要遵循以下原则：根据制约因素重复出现次数进行频数统计，其频数越大共性越强，予以重点关注；根据制约因素同类内涵相近进行合并，即对属于表达同一类问题或表达内涵相近的制约因素进行整合并重新命名。初步获得 21 项制约因素，详见表 6-4。

表 6-4　基于文献的农业科技成果转化制约因素

序号	农业科技成果转化制约因素	序号	农业科技成果转化制约因素
1	科研立项与市场需求脱节	12	成果质量与市场需求不符
2	科研人员重科研轻转化	13	资金投入结构不合理
3	农业科技企业创新能力有限	14	资金投入量不足
4	农民文化水平相对较低	15	融资渠道匮乏
5	农民投资能力有限	16	风险投资机制不健全
6	农民经营规模较小	17	科技激励机制不完善
7	企业承接科技能力弱	18	转化合作机制不完善
8	农技推广中介组织不成熟	19	市场监管机制不完善
9	农技推广人员专业素质低	20	转化的中间渠道不畅通
10	农技推广机构职能缺位	21	生产关系的调整滞后于农业科技创新
11	科技成果有效供给不足		

表 6-4 基于文献的农业科技成果转化制约因素选择来源于下列 40 篇文献：

鲍龙盛．影响农业科技成果转化的因素分析及对策［D］．延吉：延边大学，2006．

陈世昌，傅春明．建立健全农业科技成果转化机制［J］．江西农业大学学报，2000（3）：123-127．

陈兴军．农业科技成果转化问题研究［D］．泰安：山东农业大学，2009．

陈章杰.农业科技成果转化机制研究——以桃源县为例［D］.长沙：湖南农业大学，2013.

陈志英，敦成园，玛丽娜，等.黑龙江省农业科技成果转化的制约因素分析及对策探讨［J］.农学学报，2014（4）：104-108.

高洁.农业科技成果转化的影响因素分析——以临县红枣产业发展为例［J］.吉林农业，2012（11）：18-19.

韩晓丹，张贺亮，林琳.影响农业科技成果转化的因素及对策分析［J］.吉林农业，2014（14）：13.

华绪庚.新型农业经营主体视角下农业科技成果转化影响因素研究——以福建省为例［D］.福州：福建农林大学，2019.

黄伟强.试论中国农业科技成果转化率问题［J］.内蒙古农业科技，2008（2）：1-3.

李春丽，郝庆升.吉林省农业科技成果转化模式分析［J］.农业科技管理，2010（6）：70-73.

李富英.吉林省农业科技成果向农户转化情况调查与对策［J］.吉林农业科技学院学报，2010（6）：19-21，56.

李鹏程.农业高校科研成果转化的制约因素分析［D］.长沙：湖南农业大学，2016.

李司单，张玉先，何飞舟，等.农业高校成果转化与推广制约因素与对策［J］.中国农业信息，2016（12）：34-35.

梁志怀，魏林.试论制约农业科研成果转化的因素及对策［J］.湖南农业科学，2002（4）：42-44.

刘敏，张钰欣，张珂伦，等.大数据背景下农业科技信息传递联动机制与对策研究［J］.情报科学，2019，37（01）：51-55.

刘绍银，张凯，徐建武，等.我国农业科技成果转化的制约因素和对策研究［J］华中农业大学学报（社会科学版），2008（4）：35-40.

刘文超，赵增锋，杨海芬，田东良.制约农业科技成果转化的微观主体因素分析及对策［J］.河南农业科学，2010（8）：148-151.

路立平，徐世艳，等.吉林省农技推广的制约因素分析及路径选择［J］.农业科技管理，2009（10）：72-73.

吕迎春.试论农业科研院所科技成果的转化［J］.甘肃农业科技，2009（8）：46-48.

潘鸿，刘志强.国外农业科技进步系统运行特点及对我国的启示［J］.农业经济与管理，2010（4）：84-90.

屈晓娟，邵展翅，王彦飞．农业科技成果转化制约因素及转化模式分析［J］．辽宁农业科学，2013（6）：33-36.

王绍芳，王环．农业科技成果向职业农民转化的制约因素分析［J］．科技管理研究，2013（14）：117-119，124.

王文娟，刘凤芹．新形势下推动农业科技成果转化之思考［J］．农业科技管理，2019（6）：72-75.

吴磊．我国农业科技成果转化的制约因素及对策分析［J］．改革与战略，2016（6）：81-84.

吴好，张艳华，汤丽．基于项目集成管理的农业科技成果转化机制研究［J］．科技管理研究，2009（6）：71-73.

徐晓红，王洪丽，刘文明，等．吉林省基层农业技术推广体系调查与改革思路［J］．东北农业科学，2016（5）：102-106.

薛庆林．我国农业科技成果转化的制约因素分析［J］．河北农业大学学报（农林教育版），2009（3）：104-107，112.

杨辉，张永强．农业大学科技成果转化落地的模式及影响因素［J］．江苏农业科学，2014，42（1）：412-414.

杨洋．我国科技成果转化现状、问题与相关对策探讨［J］．农业科研经济管理，2019（4）：1-4＋8.

叶秀红．福建省农业科技成果转化机制研究［D］．福州：福建农林大学，2008.

喻国华．农业科技成果转化的制约因素和解决对策［J］．安徽农业科学，2006（1）：592-593.

岳福菊．农业科技成果转化制约因素及转化模式研究［D］．北京：中国农业科学院，2012.

张必正，孙进昌．我国农业科技自主创新的制约因素及对策［J］．科学与管理，2007（1）：7-10.

张舜．农业科技成果转化的制约因素及对策分析［J］．农业科研经济管理，2019（2）：7-10，16.

张晓敏．破解基层农技推广制约因素加快农业科技成果转化步伐［J］．吉林农业，2015（6）：46.

张雨．农产品加工企业采用科技成果的制约因素及转化模式［J］．四川食品与发酵，2006（3）：1-3.

张雨．农业科技成果转化的制约因素及转化模式［J］．南昌大学学报（人文社会科学版），2007（3）：16-21.

张志国，潘鸿，孙树政，等．农产品科技信息传播现状及问题分析——吉林省长岭县永久镇农业推广调研报告［J］．中国市场，2008（8）：91-93.

周杨．吉林省农业科技成果转化制约因素研究［D］．长春：吉林农业大学，2018.

周振亚，叶纪明，付仲文，等．我国农业科技成果转化的障碍因素及对策研究——基于吉林省的调查［J］．农业科技管理，2015（8）：7-10，75.

6.3.2　基于访谈结果确定制约因素

2019 年 11—12 月，笔者带领研究生相继在吉林省农业科学院、吉林省农业机械研究院、吉林大学、吉林农业大学、皓月集团、广泽乳业和华正集团对 15 位农业领域专家、企业管理人员和技术人员进行了访谈。访谈的对象全部为直接或间接参与过农业科技成果转化且对农业科技成果具有较深认识的专家学者和技术人员，同时，为了更好地进行农业科技成果转化制约因素的分析，在访谈过程中，还特别邀请所有受访者对文献研究获得的各项制约因素进行评价和确认——由于这些因素来源于全国性文献研究，专家结合吉林省的实际情况予以评价和确认，可以进一步明确吉林省农业科技成果转化的制约因素。

通过专家访谈，对文献研究的制约因素进行了调整，根据专家建议去掉了"农业科技企业创新能力有限"和"生产关系的调整滞后于农业科技创新"两个因素，增加了"现代信息传播技术应用不充分"因素。近年来，土地流转、土地确权等一系列政策的实施，使农村联产承包责任制导致的"地块分割"对农业科技创新技术使用的限制因素基本不存在了，因此，"生产关系的调整滞后于农业科技创新"不再作为主要的制约因素而剔除；去掉"农业科技企业创新能力有限"因素，理由是农业科技成果转化主要体现为科研院所等研发单位向农户和涉农企业的技术转移和成果转化，体现了科研院所的源头创新对农业生产力的推动作用。本研究首次提出了"现代信息传播技术应用不充分"因素——该因素在前人文献中从未涉及，本研究在目前网络信息和大数据激增，农村移动通信网络全覆盖的背景下，在结合吉林省农业科技成果转化信息化发展情况下提出该因素，将使得所选取的农业科技成果转化制约因素更具有时代背景，也更贴近实际情况。

6.3.3　吉林省农业科技成果转化制约因素的最终选择

依据上述文献研究和专家访谈结果，最终确定吉林省农业科技成果转化制约因素，共 20 项影响因素，并为每个影响因素设置代码，见表 6-5。

表 6-5　吉林省农业科技成果转化制约因素最终确定

序号	农业科技成果转化制约因素	代码
1	科研立项与市场需求脱节	x_1
2	科研人员重科研轻转化	x_2
3	农民文化水平相对较低	x_3
4	农民投资能力有限	x_4
5	农民经营规模较小	x_5
6	企业承接科技能力弱	x_6
7	农技推广中介组织不成熟	x_7
8	农技推广人员专业素质低	x_8
9	农技推广机构职能缺位	x_9
10	科技成果有效供给不足	x_{10}
11	成果质量与市场需求不符	x_{11}
12	资金投入结构不合理	x_{12}
13	资金投入量不足	x_{13}
14	融资渠道匮乏	x_{14}
15	风险投资机制不健全	x_{15}
16	科技激励机制不完善	x_{16}
17	转化合作机制不完善	x_{17}
18	市场监管机制不完善	x_{18}
19	转化的中间渠道不畅通	x_{19}
20	现代信息传播技术应用不充分	x_{20}

6.4　吉林省农业科技成果转化制约因素的灰色关联分析

6.4.1　问卷设计及调查对象基本情况

2020 年 6—7 月，根据上述 20 项制约因素发放问卷进行调查。问卷采用李克特 5 级量表形式，从"1"到"5"表示影响程度从低到高，其中"1"表示"非常不重要"，"5"表示"非常重要"。

与周杨（2018）只从供给侧角度研究不同，本研究从农业科技成果供给和需求双侧出发，扩大了问卷范围，受试者不仅包括农业科技成果研发主体，也包括采纳主体和推广主体，以求研究结果更全面、更贴近实际。

调查问卷共发放 80 份，回收 78 份，剔除一些缺省数据较多和逻辑检验不能通过的问卷，有效问卷 75 份，有效回收率为 94％。调查对象为高等院校、科研院所的科研人员，企业技术和管理人员以及推广部门相关人员，均有多年从事农业领域相关研究或工作经验，年龄结构和职称结构比较合理，其中，中级职称人员主要为基层农业推广人员和部分企业技术人员。具体情况如表6-6所示。

表6-6 有效问卷基本情况

项目	类别	数量（人）	百分比（%）
年龄	30岁及以下	2	2.7
	31~40岁	24	32.0
	41~50岁	38	50.7
	51~60岁	9	12.0
	60岁以上	2	2.7
从事农业领域工作年限	5年及以下	4	5.3
	6~15年	18	24.0
	16~25年	22	29.3
	25年以上	31	41.3
职称	正高级职称：	23	30.7
	教授（或研究员）	23	30.7
	副高级职称：	38	50.7
	副教授（或副研究员）	32	42.7
	高级技术职务	6	8.0
	中级职称：	14	18.6
	助理研究员	4	5.3
	中级技术职务	10	13.3

6.4.2 信度和效度检验

为提高测量效果，对整个研究进行了过程控制，在每一个环节注意避免和减少系统误差和随机误差。

为检验受试者（被调查者）对所有影响因素对农业科技成果转化影响程度判断的一致性，本研究采用克隆巴赫（Cronbach）a系数进行信度检验。Cronbach a系数的值越大，表示该变量与各个测量项目之间的相关程度越大，即内部一致性程度越高。吴统雄（1984）认为当$0.70 < $Cronbach a系数$\leq 0.90$时，可信程度很高。本研究Cronbach a系数为0.813，说明该量表信度很高。

本研究通过探索性因子分析对量表进行效度检验。通过KMO统计量和Bartlett球度检验来分析是否适合做因子分析。一般认为KMO大于0.9时效果最佳，0.8~0.9很适合，0.7~0.8适合，0.6~0.7较适合，0.5~0.6很勉强，0.5 以下为不适合。本研究 KMO 值为 0.631，大于 0.6，且 Bartlett 球度检验在 0.001 水平上通过显著性检验（表6-7），表明量表适合做因子分析。选择碎石图确定提取因子个数，共提出 7 个因子（表6-8），因子旋转选择方差最大法，累计方差贡献率为 70.589%。

表 6-7　KMO 和 Bartlett 检验

Kaiser-Meyer-Olkin　Measure of Sampling　Adequacy.		0.631
Bartlett's Test of Sphericity	Approx. Chi-Square	557.377
	df	190
	Sig.	0.000

表 6-8　因子载荷矩阵

测量项目	旋转后因子载荷							因子命名
	F1	F2	F3	F4	F5	F6	F7	
资金投入量不足（x_{13}）	0.859							资金层面
融资渠道匮乏（x_{14}）	0.803							
资金投入结构不合理（x_{12}）	0.648							
风险投资机制不健全（x_{15}）	0.620							
转化合作机制不完善（x_{17}）		0.822						政策规制及转化渠道
农技推广中介组织不成熟（x_7）		0.758						
转化的中间渠道不畅通（x_{19}）		0.715						
科技激励机制不完善（x_{16}）		0.523						
农民投资能力有限（x_4）			0.836					采纳主体
农民文化水平相对较低（x_3）			0.751					
农民经营规模较小（x_5）			0.744					
科研人员重科研轻转化（x_2）				0.857				研发主体及成果
科研立项与市场需求脱节（x_1）				0.805				
成果质量与市场需求不符（x_{11}）				0.598				
市场监管机制不完善（x_{18}）					0.878			市场层面
农技推广人员专业素质低（x_8）						0.854		推广主体
农技推广机构职能缺位（x_9）						0.501		
现代信息传播技术应用不充分（x_{20}）							0.748	其他
科技成果有效供给不足（x_{10}）							−0.574	
企业承接科技能力弱（x_6）							−0.464	

　　根据前述农业科技成果转化关联主体及其互动效应分析，在农业科技成果转化过程中，各参与主体相互作用，围绕着农业科技成果转化，形成了一个协

同互动系统，同时这一系统又受到政策、融资、市场完善程度等外围环境影响。本研究通过因子分析，提取了 7 个因子，分别对应上述 6 个层面及其他因素。而且，旋转后的因子载荷，每行有 1 个系数的绝对值较大，基本上都大于 0.5，其余较低，表明问卷具有较好的效度。

信度和效度检验结果表明，本研究吉林省农业科技成果转化制约因素调查问卷及其数据（量表）是可靠且有效的。

6.4.3 灰色关联分析

6.4.3.1 灰色关联分析法原理

灰色关联分析法（GRA）是一种通过研究数据关联性大小，从而反映各因素对目标值的重要程度的研究方法。

灰色关联分析的基本原理是根据数据序列曲线几何形状的相似程度来判断其联系是否紧密。曲线越接近，相应序列之间的关联度就越大，反之则越小；灰色关联度越大，两因素变化态势越一致。

该方法对样本量的多少和样本有无规律都同样适用，而且，计算量小，更不会出现量化结果与定性分析结果不符的情况。

6.4.3.2 灰色关联分析步骤

第一步，确定反映系统行为特征的参考序列 x_0 和影响系统行为的因素组成的比较序列 x_i。

第二步，无量纲化处理参考序列和比较序列。不同量纲造成不同指标的数据无法比较，为消除不同变量不同量纲的影响，因此，在分析前通常需要对数据进行标准化处理。

第三步，求参考序列与比较序列的灰色关联系数。首先，求比较序列的差序列、最大值和最小值。对 x_0 和 x_i 序列中的值对应作差，所得值的绝对值就是所求的差序列 $|x_0(k)-x_i(k)|$，并找出差序列中的最大值 $\max_i \max_k |x_0(k)-x_i(k)|$ 和最小值 $\min_i \min_k |x_0(k)-x_i(k)|$。然后，根据差序列和最大值、最小值求灰色关联系数。已知参考序列 x_0，比较序列 x_i，差序列和最大值、最小值，则有：

$$x_0 = \{x_0(1), x_0(2), \cdots, x_0(k)\} \tag{6-1}$$

$$x_i = \{x_i(1), x_i(2), \cdots, x_i(k)\} \tag{6-2}$$

$$\Delta i = |x_0(k)-x_i(k)| \tag{6-3}$$

$$\Delta \max = \max_i \max_k |x_0(k)-x_i(k)| \tag{6-4}$$

$$\Delta \min = \min_i \min_k |x_0(k)-x_i(k)| \tag{6-5}$$

式中，k 为样本数，i 为所要判定的影响系统行为的因素的个数，则灰色

关联系数 ξ_i 为：

$$\xi_i = \frac{\min_i \min_k |x_0(k) - x_i(k)| + \rho \max_i \max_k |x_0(k) - x_i(k)|}{|x_0(k) - x_i(k)| + \rho \max_i \max_k |x_0(k) - x_i(k)|}$$

$$(6\text{-}6)$$

式中的 ρ 为分辨系数，通常为 $0 \sim 1$，一般取 0.5。

第四步，计算灰色关联度。

$$r_i = \frac{1}{n} \sum_{k=1}^{n} \xi_i(k) \tag{6-7}$$

r_i 为比较序列 x_i 和参考序列 x_0 的关联度，r_i 的值越大，说明两者之间的关联越大，影响程度越显著。

第五步，将以上步骤得出的灰色关联度值进行比较排序，得出最终结论。

6.4.3.3 吉林省农业科技成果转化制约因素灰色关联度计算及排序

(1) 确定参考序列和比较序列

本研究取每一被调查对象对所有制约因素打分的最大值，作为参考序列，由 75 个参考值组成；影响参考序列的比较序列由"科研人员重科研轻转化""农业科技企业创新能力有限""农民文化水平相对较低"等因素组成 20 个序列，每个序列包含 75 个数值。

(2) 对数据进行无量纲化处理

由于本研究中各个序列的量纲是相同的，所以不需要进行无量纲化处理。

(3) 计算关联系数和关联度，排关联序

目前，大多数研究在利用灰色关联度进行实证时，分辨系数都取 0.5。根据吉林省农业科技成果转化的实际情况，设分辨系数 $p = 0.5$。根据式（6-6）和式（6-7）进行运算后（其中，$k = 1, 2, 3, \cdots, 75$；$i = 1, 2, 3, \cdots, 20$），可以得到不同制约因素对于吉林省农业科技成果转化的关联系数和关联度。

制约因素与农业科技成果转化之间的关联程度，主要通过关联度的大小次序来描述，而不仅仅是关联度的大小。将 20 个比较序列与同一个参考序列的关联度，按大小顺序排列起来，便组成了关联序，它反映了对于参考序列来说各个比较序列的优劣关系。若 $r_1 > r_2$ 则称 $\{x_1\}$ 对于同一参考序列 $\{x_0\}$ 优于 $\{x_2\}$，记为 $\{x_1\} > \{x_2\}$。

各制约因素的关联系数、关联度，关联度排序情况如表 6-9 所示。

各制约因素与吉林省农业科技成果转化的关联度从大到小的排序为：科研立项与市场需求脱节（r_1）＞成果质量与市场需求不符（r_{11}）＞科技激励机制不完善（r_{16}）＞资金投入量不足（r_{13}）＞转化合作机制不完善（r_{17}）＞转化的中间渠道不畅通（r_{19}）＞融资渠道匮乏（r_{14}）＞农技推广人员专业素

质低（r_8）＞资金投入结构不合理（r_{12}）＞科研人员重科研轻转化（r_2）＞科技成果有效供给不足（r_{10}）＞农技推广机构职能缺位（r_9）＞现代信息传播技术应用不充分（r_{20}）＞风险投资机制不健全（r_{15}）＞农技推广中介组织不成熟（r_7）＞企业承接科技能力弱（r_6）＞市场监管机制不完善（r_{18}）＞农民投资能力有限（r_4）＞农民文化水平相对较低（r_3）＞农民经营规模较小（r_5）。

表 6-9　关联系数、关联度和关联序

测量项目	关联系数						关联度 r_i	关联序排名
	$\xi_i(1)$	$\xi_i(2)$	$\xi_i(3)$	…	$\xi_i(74)$	$\xi_i(75)$		
科研立项与市场需求脱节（x_1）	1	0.666 7	0.4	…	1	1	0.884 0	1
科研人员重科研轻转化（x_2）	0.666 7	0.5	0.4	…	0.666 7	1	0.700 4	10
农民文化水平相对较低（x_3）	0.5	0.5	0.4	…	0.4	0.5	0.599 6	19
农民投资能力有限（x_4）	0.5	0.666 7	0.666 7	…	0.5	0.5	0.607 6	18
农民经营规模较小（x_5）	0.5	0.4	0.5	…	0.4	0.4	0.588 4	20
企业承接科技能力弱（x_6）	0.5	0.5	0.666 7	…	0.5	0.5	0.627 1	16
农技推广中介组织不成熟（x_7）	0.5	0.5	0.666 7	…	1	1	0.642 2	15
农技推广人员专业素质低（x_8）	0.5	0.5	0.666 7	…	1	0.666 7	0.710 7	8
农技推广机构职能缺位（x_9）	0.666 7	0.5	0.666 7	…	0.666 7	0.666 7	0.677 8	12
科技成果有效供给不足（x_{10}）	0.5	0.5	1	…	0.666 7	0.666 7	0.692 0	11
成果质量与市场需求不符（x_{11}）	0.5	0.5	1	…	1	1	0.803 6	2
资金投入结构不合理（x_{12}）	0.5	0.4	1	…	0.4	0.4	0.704 9	9
资金投入量不足（x_{13}）	0.666 7	0.5	1	…	0.5	0.5	0.743 1	4
融资渠道匮乏（x_{14}）	0.666 7	0.4	1	…	0.4	0.4	0.712 4	7
风险投资机制不健全（x_{15}）	0.666 7	0.5	1	…	0.5	0.5	0.658 7	14
科技激励机制不完善（x_{16}）	1	0.4	1	…	0.666 7	0.666 7	0.746 2	3

（续）

测量项目	关联系数						关联度 r_i	关联序排名
	ξ_i (1)	ξ_i (2)	ξ_i (3)	…	ξ_i (74)	ξ_i (75)		
转化合作机制不完善（x_{17}）	0.666 7	0.5	1	…	1	1	0.741 3	5
市场监管机制不完善（x_{18}）	0.666 7	0.4	1	…	0.5	0.5	0.616 0	17
转化的中间渠道不畅通（x_{19}）	0.666 7	0.4	1	…	1	1	0.720 0	6
现代信息传播技术应用不充分（x_{20}）	0.666 7	0.333 3	0.4	…	0.5	0.5	0.676 0	13

根据因子提取结果，各制约因素所对应的因子为一级因子，共有 7 个一级因子。根据表 6-8 和表 6-9，将每个一级因子所包含的制约因素的关联度平均化，计算一级因子的关联度，然后进行排序。一级因子关联排序为：研发主体及成果因素（0.796）＞政策规制及转化渠道因素（0.721 3）＞资金层面因素（0.704 8）＞推广主体因素（0.676 4）＞其他因素（0.665 0）＞市场层面因素（0.616）＞采纳主体因素（0.598 5）。

6.5　实证结果讨论

6.5.1　制约因素分类分析及与前期文献结论的比较

本研究将 20 个制约因素降维，分为 7 个层面，即资金层面因素、政策规制及转化渠道因素、采纳主体因素、研发主体及成果因素、市场层面因素、推广主体因素、其他因素。

根据实证分析结果，其中研发主体及成果因素对吉林省农业科技成果转化的影响程度最大，接下来是政策规制和转化渠道因素，排在第三的是资金层面因素。推广主体因素和市场层面因素对其有一定影响，而以农民为主的采纳主体因素影响程度最低。科研立项与市场需求脱节，成果质量与市场需求不符是促使研发主体因素排位在前的主要原因，这也反映出农业科技成果转化过程中长期存在的问题，而由于科技普及和惠民政策的广泛实施、乡村振兴和农民脱贫步伐的加快，现阶段农民采纳新技术能力较之前有显著提高。政策规制对农业科技成果转化具有积极的引导作用，资金的投入和融资渠道的拓宽是促进农业科技成果转化的前提条件，这些都是影响农业科技成果转化的因素。推广主体因素和市场层面因素分别排在第四、第六位，在采纳主体因素之前，说明目前加强基层推广机构的主要推广主体作用同时还应拓宽推广渠道；加强市场监管机制，规范转化秩序，也有利于提高吉林省农业科技成果转化水平。

研发主体及其成果质量是农业科技成果转化最重要的影响因素，比较符合吉林省农业科技成果转化的实际情况，同时，在理论界也已成为共识。本研究结论与国内其他省份农业科技成果转化影响因素的研究结果大体相同，但与本省部分文献研究结论不同。周杨（2018）的硕士论文的研究结果表明资金因素和政府因素是影响吉林省农业科技成果转化最重要的两类因素，这一点与本研究的观点比较一致，在本研究中政策规制和转化渠道因素排在第二位，资金层面因素排在第三位。但其研究中，研发主体因素排在 8 类因素的第 7 位，这与本研究调研的实际情况有一定的差距。可能存在以下原因：一是本研究扩大了样本量和调研范围，调查对象不仅包括高等院校和科研单位的专家，还包括基层推广机构和采纳主体，使调研范围覆盖了农业科技成果转化的三大参与主体，而周杨（2018）仅从供给侧——科研院所角度进行了调研；二是关联分析中，参考序列的选择不同，参考序列的不同选择直接影响关联度计算结果。按照灰色关联分析方法，在参考序列缺省情况下，应以比较序列的最大值作为参考序列的值，SPSSAU 也是这样默认的。而且，周杨（2018）在方法介绍中也承认这种处理方法，但在数据处理时，采用了其他数据作为参考序列。

6.5.2 具体制约因素影响程度分析

各制约因素与吉林省农业科技成果转化的关联度从大到小排序为：科研立项与市场需求脱节（r_1）＞成果质量与市场需求不符（r_{11}）＞科技激励机制不完善（r_{16}）＞资金投入量不足（r_{13}）＞转化合作机制不完善（r_{17}）＞转化的中间渠道不畅通（r_{19}）＞融资渠道匮乏（r_{14}）＞农技推广人员专业素质低（r_8）＞资金投入结构不合理（r_{12}）＞科研人员重科研轻转化（r_2）＞科技成果有效供给不足（r_{10}）＞农技推广机构职能缺位（r_9）＞现代信息传播技术应用不充分（r_{20}）＞风险投资机制不健全（r_{15}）＞农技推广中介组织不成熟（r_7）＞企业承接科技能力弱（r_6）＞市场监管机制不完善（r_{18}）＞农民投资能力有限（r_4）＞农民文化水平相对较低（r_3）＞农民经营规模较小（r_5）。

将排序结果提供给有关专家，得到了专家的一致认可。而且，本研究提出了一个前期文献未提到的影响因素"现代信息传播技术应用不充分"，关联度排序 13 位，计量分析结果表明该因素确实对吉林省农业科技成果具有较明显的限制作用。吉林省应充分利用"12316"和"12396"科技信息服务平台，拓宽农业科技信息传播渠道。

第 7 章
吉林省新型农业科技服务组织
农业技术推广分析

7.1 吉林省农民合作社农业技术推广分析

　　农民合作社作为连接农业科技研发和成果转化推广的中介组织，在现代农业技术推广使用中扮演着重要角色。2017—2019 年，本研究相关人员多次跟随吉林省农民专业合作社联合会在吉林省开展农民合作社发展情况调研，从走访调研中了解到，多数农民合作社现代农业技术采用和推广水平较低。为充分发挥农民合作社在现代农业技术推广中的媒介作用，本研究针对吉林省农民合作社现代农业技术推广使用现状及其影响因素进行分析，研究数据来源于榆树市、农安县、敦化市、磐石市、蛟河市、梅河口市、梨树县、东丰县、辉南县、扶余市、通榆县、白城市、靖宇县等县市农民合作社。

　　2019 年 8—12 月，调研组对吉林省农民合作社进行了问卷调查。调研方式包括实地调研、合作社在长春参加培训期间面对面访谈和电话（微信）交流等，共发放调查问卷 140 份，收回有效问卷 128 份（包含种植类合作社 111 个、养殖类合作社 17 个），有效回收率为 91.4%。调查问卷内容包括四个方面：①合作社自身情况，主要包括合作社类型、社员数量、管理人员数量、技术人员数量、理事长社员性别、理事长文化程度、理事长社会任职情况；②合作社农业生产情况，主要包括合作社类别、主营项目、合作社年销售额、年利润、资金是否充裕、资金来源；③合作社现代农业技术推广使用情况，主要包括现代农业机械的推广使用、新型生产资料的推广使用、现代农业技术服务方式；④外部环境情况，主要包括现代农业技术培训、农业部门或科研院所对合作社的指导、政策支持。

7.1.1 农民合作社发展现状

　　吉林省农民合作社发展起步较早，20 世纪末期，梨树县、公主岭市等地在没有合法主体地位情况下，出现了一批农民合作社，属于全国发展比较早的。2007 年 7 月，国家颁布了《中华人民共和国农民专业合作社法》（以下简称《农民专业合作社法》），正式为合作社确立了法律主体地位，特别是党的十八大报告明确提出培育新型经营主体的要求，全省农民合作社进入快速发展时期，截至 2019 年末，全省在工商部门登记的合作社已经超过 10 万家。

7.1.1.1 农民合作社数量和质量情况

自 2007 年《农民专业合作社法》颁布以来，在国家和吉林省支农惠农政策的支持下，吉林省农民合作社数量保持 13 年连续增长。截至 2019 年末，全省在工商部门登记备案的农林牧渔业类农民合作社发展到 100 291 家，各年份发展数量如图 7-1 所示。

从图 7-1 中可以看出，以 2007 年颁布实施《农民专业合作社法》为契机，合作社如雨后春笋般成立起来，2013 年达到顶峰，2013—2016 年合作社成立数量都处在较高水平。2017 年，《农民专业合作社法》进行修订，2019 年国家出台政策清理空壳合作社，合作社增长率开始下降。本研究相关人员多次跟随吉林省农民专业合作社联合会开展全省合作社发展状况调研，从与当地农经局（站）访谈和全省实地走访情况来看，全省运行良好的合作社为 20%～30%。2019 年，国家开展合作社质量提升行动，从中央到地方，全面清理不运行和不开展内部合作的合作社，合作社增量呈减缓态势，但其质量正在大幅度提高。

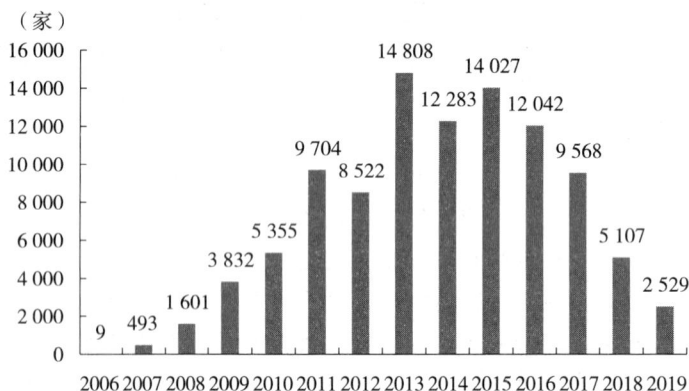

图 7-1 2006—2019 年吉林省农民合作社成立数量

7.1.1.2 农民合作社地域分布情况

吉林省东部为山地，中部为丘陵台地，西部为平原，受地形地貌影响，吉林省耕地资源分布不均衡。从地域分布来看，全省农林牧渔业类合作社数量呈现中西部地区较多、东部地区较少的局面。中部地区属丘陵台地，土地肥沃，有利于农户联合起来，开展种植业的规模化经营；西部大部分区域合作社数量较多，但通榆等地，盐碱地较多，土地贫瘠，生产效益低，不利于联合经营；

东部地区有较多的山地，农户居住比较分散，平整的土地较少，不利于机械化生产，合作社发展数量最少。东中西地势不同，规模化程度不同，合作社数量也不同。吉林省各市（州）农民合作社分布情况如图 7-2 所示，其中东部地区包括通化市、白山市和延边朝鲜族自治州，中部地区包括长春市、吉林市和辽源市，西部地区包括白城市、松原市和四平市。

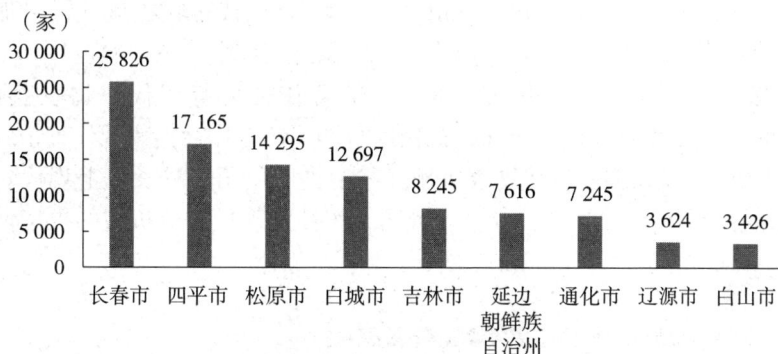

（家）

25 826　17 165　14 295　12 697　8 245　7 616　7 245　3 624　3 426

长春市　四平市　松原市　白城市　吉林市　延边朝鲜族自治州　通化市　辽源市　白山市

图 7-2　吉林省各市（州）农民合作社数量

7.1.1.3　农民合作社带户引领情况

从调查的结果来看，全省农民合作社正在引领农业和农村经济发展。一是农民合作社的大量涌现正在改变着传统农业生产关系，虽然合作方式不尽相同，引领作用不尽相同，但都在推动着农村新旧生产关系的交替。二是成长起来的合作社正在改变着农业的生产经营方式和生产要素的配置方式，为探索建设现代农业产业体系、生产体系、经营体系积累了经验。三是带动能力快速扩展提升的农民合作社，为全省新型城镇化与新农村建设实施双轮驱动战略提供了新动能，为全省农村构建新型社会治理体系积累了经验。

总之，作为粮食主产区，吉林省合作社数量众多。由于东中西地形、经济、文化的差异，不同区域的合作社类型、数量、质量明显不同。中部合作社发展数量和质量较好，西部和东部次之；合作社以种植类为主，畜牧类合作社次之。总体来看，吉林省农民合作社发展处于初级阶段。近年来，随着中央政策性文件对合作社的关注度越来越高，吉林省农民合作社的发展正在从数量优势向质量优势转变。

7.1.2　农民合作社推广使用各类现代农业技术现状

7.1.2.1　农民合作社推广使用现代农业机械情况

从访谈中了解到，合作社对现代农业机械的应用趋势明显增多。随着合作社规模经营程度的提高，劳动力成本加大，合作社开始寻求新的机械技术支撑。

（1）合作社对现代农业机械的推广使用种类

合作社推广使用的现代机械中，通常包括现代农产品加工机械（粮食加工机械、油料加工机械等）、现代作物收获机械（大型联合收获机等）、现代植物保护机械（先进喷雾机具、喷粉机具、喷烟机、静电机等）、现代种植施肥机械（大型播种机、大型栽种机、秧苗栽植机等）、现代畜牧机械（饲料加工机械、自动化管理设备等）等，在调查的128家合作社中（图7-3），18.8%的合作社拥有现代农产品加工机械，36.8%的合作社拥有现代作物收获机械，34.4%的合作社拥有现代植物保护机械，41.5%的合作社拥有现代种植施肥机械，7.8%的合作社拥有现代畜牧机械。其中推广使用2种及以上现代农业机械的合作社有51家，占比39.8%，说明合作社对现代农业机械的推广使用比率很高。

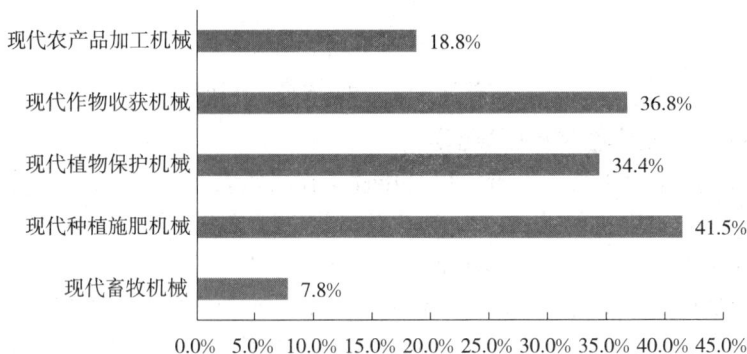

图7-3　吉林省农民合作社现代农业机械推广使用情况

（2）合作社对现代农业机械的推广使用形式

在现代农业机械的推广使用形式上，自有自用形式占86.7%，委托代耕形式占5.5%，租赁形式占5.5%，其他占2.3%。据数据分析可知，合作社对现代农业机械的推广使用以自身为主，也会开展相应的代耕代种和租赁服务，增加现代农业机械的使用效率。在实际访谈中了解到，农机合作社跨区开展农业活动比较普遍，吸引更多的农户加入合作社，增加了现代机械的使用效率。

（3）现代农业机械推广使用中面临的困境

据调查，现代农业机械推广使用中主要面临四个方面的困境，一是国产与进口质量差别大，国产机械容易出故障，但进口机械价格偏高；二是各厂家没有统一生产标准，出了故障后机械配件购买渠道少；三是缺少机械维修技术员，在生产过程中机械出现故障后得不到及时维修，耽搁农业生产；四是扩大生产规模后，现代农业机械无法与生产规模相匹配，机械容易淘汰。

7.1.2.2　农民合作社推广使用新型生产资料情况

新型生产资料包括优良品种、多功能化肥、高效低毒农药等新研发的生产资料。通过调查，合作社对新型生产资料的推广使用比较谨慎，由于合作社规模较大，全面使用风险过高，往往先选择一部分土地试用，根据效果再决定是否大规模推广使用。同时也会采取观望态度，根据其他农业主体的使用效果再决定是否采纳。这种合作社理性选择的行为，体现了 E. M. 罗杰斯的"创新的扩散"理论在我国农业新技术推广中同样适用。

在新型生产资料使用上，推广使用良种的合作社占 50.8%，新型化肥的合作社占 48.5%，新型农药的合作社占 48.5%，如图 7-4 所示。从数据中可以看出，合作社对新事物接受能力较强，这与合作社规模和理事长知识水平有一定的关系。

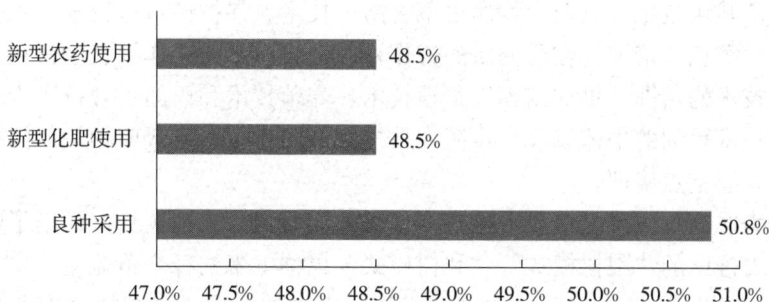

图 7-4　吉林省农民合作社新型生产资料推广使用情况

在新型生产资料获取方式上，46.1% 的合作社选择向市场销售商直接购买，38.2% 的合作社选择向生产企业直接购买，15.7% 的合作社选择向生产企业或销售商赊销。通过数据分析发现，由于合作社巨大的需求能力，已经可以直接与生产企业进行对接，从而降低了生产成本。

对于新型生产资料的质量，83% 的合作社认为有保证，17% 的合作社认为没有保证。可见，大部分合作社推广使用新型生产资料产生的效益都符合预期，这说明吉林省在生产资料的管控上很严格。

同时，通过进一步访谈发现，合作社在推广使用新型生产资料的过程中产生了很多新的需求。在合作社需要的服务方式上，51.6% 的合作社选择了上门服务，26.9% 的合作社选择了担保销售服务，18.3% 的合作社选择了定点服务，3.2% 的合作社选择了委托服务。通过数据分析看到，上门服务和销售担保方式的需求较大，这是因为新型生产资料有较高的操作技术规范，合作社在推广使用过程中会面临操作不规范带来的风险，因此很希望销售商或生产商到合作社亲自指导实施。同时，合作社使用新型生产资料目的是为了获得较高的收益，使用后的农产品相比以往会有一定的差异，市场接受程度无法确定，销售风险是合作社不愿意看到的，因此合作社也希望获得售后担保服务。

7.1.2.3　农民合作社推广使用非物化现代农业技术情况

非物化现代农业技术也称无形现代农业技术，包括测土配方施肥技术、高产栽培技术、农业生物病虫草害防治技术、保护性耕作技术、水生动物饲养技术等无形现代农业技术。无形现代农业技术的采用与农业技术推广部门的推广程度密切相关，无形现代农业技术的使用者往往需要较高的知识水平。无形现代农业技术的使用较为频繁，例如梨树县的"黑土地模式"，农业技术推广站大力推广，每次举办论坛，合作社都积极参加。有政府做背书，合作社对现代农业技术的采用率就越高。

国家有关部委及省、市、县、乡镇相关部门每年都会开展测土配方施肥技术、高产栽培技术、农业生物病虫草害防治技术、保护性耕作技术、水生动物饲养技术等相关培训。在所调研的合作社中，41.4％的合作社表示每年都会接受无形技术的培训，培训内容以种植技术、养殖技术和田间管理技术为主，开展无形技术培训的主体以县、乡镇农技推广部门为主，省政府相关部门也会依托高校开展定点培训。

作为非物化现代农业技术的典型代表，调研组深入梨树县，详细了解了吉林省大力推广的"梨树模式"。"梨树模式"也称玉米秸秆全覆盖免（少）耕栽培技术，是自2007年以来，中国科学院、中国农业大学、梨树县农业技术推广总站等科研院所、农业推广部门在总结美国、加拿大等国家免耕栽培技术研究与应用的基础上，研发的适合我国国情的玉米秸秆覆盖全程机械化栽培技术生产体系，该技术是对农田实行免耕、少耕，尽可能减少土壤耕作，并用作物秸秆覆盖地表（＞30％），减少土壤风蚀、水蚀，提高土壤肥力和抗旱能力的一项先进农业耕作技术。"梨树模式"可以大幅度降低农业生产成本，玉米免耕栽培较常规生产田块生产成本降低10％以上，单产提高10％左右；常规耕作成本很高，燃油、肥料和劳动力价格不断提升，而农产品价格却上升有限，玉米免耕栽培的实施，每公顷可节约成本1 200～1 500元（表7-1）。

表7-1　"梨树模式"成本节约表

作业项目	传统栽培技术（元/公顷）	免耕栽培技术（元/公顷）	节约成本（元/公顷）
灭茬旋耕起垄镇压	700	0	700
播种施肥	300	500	−200
喷施除草剂	100	100	0

（续）

作业项目	传统栽培技术（元/公顷）	免耕栽培技术（元/公顷）	节约成本（元/公顷）
铲趟及中耕追肥	300	0	300
清理秸秆	700	0	700
合计	2100	600	1 500

数据来源：吉林省梨树县农业技术推广总站。

"梨树模式"解决了东北黑土区玉米连作、秸秆移除焚烧导致的土壤退化及衍生的环境问题，对黑土地的保护与利用起到了积极作用，得到了国家和吉林省政府的高度重视和支持，吉林省已经将玉米秸秆覆盖宽窄行免耕栽培技术模式列为吉林省重要农业生产新技术在省内进行大面积推广。仅在梨树县，"梨树模式"推广面积已经超过 200 万亩，合作社是"梨树模式"开展的主体，每年都有大量农机合作社参与到"梨树模式"的推广和实践中。

7.1.3　农民合作社对现代农业技术服务方式的选择倾向

7.1.3.1　农民合作社对现代农业技术依赖渠道的分析

通过对 128 家合作社调查结果来看（图 7-5），当合作社在使用现代农业技术中出现问题时，46.8％的合作社选择咨询当地"土专家"，55.5％的合作社选择向当地农业有关部门进行咨询，30.4％的合作社选择向"12316"农业科技信息服务平台求助，44.5％的合作社选择向农业院校专家咨询，其他方式占3.9％。这说明合作社遇到技术性难题时有多种解决渠道，从选择咨询的对象来看，以咨询当地"土专家"、向有关部门进行咨询、向农业院校专家咨询三种方式为主，而打新农村热线相比较少。传统意义上，会认为现代农业技术往往是由政府和科研机构掌握，但合作社遇到技术性问题时，咨询当地"土专

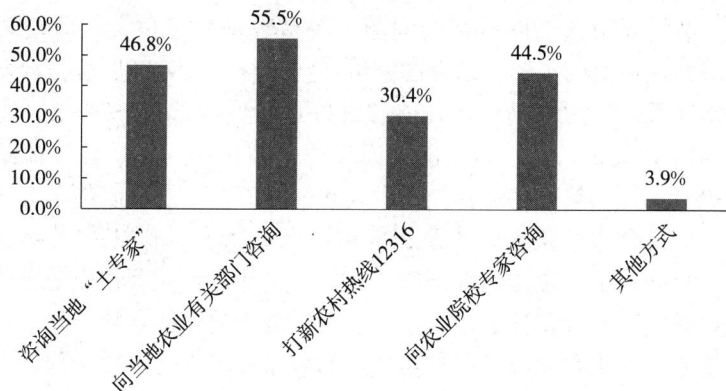

图 7-5　吉林省农民合作社出现技术问题时采用的解决方式

家"的倾向性也很强，这说明，本土农业技术专家有较丰富的生产经验，已经成为现代农业技术推广中的一支生力军。从选择方式的差异上看，选择打新农村热线"12316"的相比较低，这说明，合作社更青睐于专家亲自到现场指导生产生活，采用"面对面"的方式解决问题。

7.1.3.2 农民合作社最需要的现代农业技术服务方式分析

本研究进一步对合作社倾向选择的技术服务方式进行探究。从调查结果看，42.3％的合作社选择专业专职"保姆式"的技术服务方式，43.3％的合作社选择技术咨询服务方式，8.33％的合作社选择报告式技术培训方式，8.2％的合作社选择电话咨询服务方式。从数据上来看，合作社最需要专业专职"保姆式"技术服务和技术咨询服务，而电话咨询服务和报告式技术培训的服务形式选择倾向最低。从差异上来看，合作社已不满足传统方式的技术服务了，更倾向于紧密性强的技术服务方式。

7.1.3.3 农民合作社对现代农业技术有偿服务的接受程度

进一步考察合作社对有偿技术服务方式的接受程度。从调查结果看，87.8％的合作社能接受有偿服务，不能接受的占12.2％。说明目前的现代农业技术服务无法满足合作社的发展需求，同时也表明，合作社相信先进技术能够为合作社带来好的收益，因此，他们愿意付出一定的咨询成本。对12.2％的不能接受的合作社进一步访谈，不能接受的原因有以下三方面，一是已有的技术服务已经满足合作社的发展要求；二是目前当地农业部门提供的新技术都是无偿的，有偿的技术服务还不能接受；三是新技术的使用有一定的风险性，预期收益无法确定。总的来看，合作社对现代农业技术有偿服务的接受程度比较高，也愿意为此承担一部分费用。

尽管农民合作社在农业和农村经济社会发展中发挥了重要作用，但发展中仍然存在一些需要引起高度重视的问题。一是数量规模很大，但发展质量较低。通过对各地情况的了解，结合国家清理空壳合作社，开展合作社质量提升行动的效果来看，估测农民合作社能够良好运行的为20％～30％，能够带领农民增收的为10％～15％，尚不能全面发挥主体作用。二是合作社经营管理水平不断提升，但仍然存在经营与技术人才匮乏情况，严重制约了合作社平稳快速发展。三是合作社整体合作意识较差，导致很多合作社发展处于停滞状态。很多农户并不了解合作社真正的"合作"是什么，在利益面前合作奉献的意识较差，导致有的合作社组建后就没开展过真正的合作，缺乏合作意识是合作社发展不起来的主要原因。四是运营好的合作社多数是由村干部、有社会任职人员、大学生、返乡创业人员领办创办的，理事长真正种过地且发展较好的合作社很少，因此，急需解决合作社领创办人的问题。

7.1.4　农民合作社推广使用现代农业技术的影响因素分析

7.1.4.1　农民合作社自身因素

（1）合作社类别因素

调研数据如表 7-2 所示，从类别看，种植类合作社占 86.7％，养殖类合作社占 13.3％，合作社主要以种植类合作社为主。两种类别的合作社推广使用现代农业技术的比率分别为 67.6％和 64.7％，差异不大，合作社类别并不是影响合作社推广使用现代农业技术的主要因素。

表 7-2　合作社类别与推广使用现代农业技术情况

内容	类型	数量 （家）	占比 （％）	是否推广使用 现代农业技术	数量 （家）	占比 （％）
合作社类别	种植类	111	86.7	是	75	67.6
				否	36	32.4
	养殖类	17	13.3	是	11	64.7
				否	6	35.3

数据来源：实地调研。

（2）合作社类型因素

数据调研如表 7-3 所示，生产型合作社占 46.1％，产业链型合作社占 15.6％，销售型合作社占 7.8％，综合型合作社占 30.5％，四种类型合作社对现代农业技术的推广使用率分别为 52.1％、80.8％、45.5％、81.4％，产业链型和综合型合作社推广使用现代农业技术的比率较高。

表 7-3　合作社类型与推广使用现代农业技术情况

内容	类型	数量 （家）	占比 （％）	是否推广使用 现代农业技术	数量 （家）	占比 （％）
合作社类别	生产型合作社	48	46.1	是	25	52.1
				否	23	47.9
	产业链型 合作社	26	15.6	是	21	80.8
				否	5	19.2
	销售型合作社	11	7.8	是	5	45.5
				否	6	54.5
	综合型合作社	43	30.5	是	35	81.4
				否	8	18.6

数据来源：实地调研。

(3) 理事长因素

理事长性别因素。调研数据如表 7-4 所示，男性担任理事长的合作社占 87.5%，女性担任理事长的合作社占 12.5%，理事长仍以男性为主。理事长为男性的合作社和理事长为女性的合作社推广使用现代农业技术的比率分别为 65.2% 和 81.3%，虽然理事长以男性为主，但女性理事长更倾向于推广使用现代农业技术。

表 7-4　理事长性别与推广使用现代农业技术情况

内容	性别	数量（家）	占比（%）	是否推广使用现代农业技术	数量（家）	占比（%）
理事长性别	男	112	87.5	是	73	65.2
				否	39	34.8
	女	16	12.5	是	13	81.3
				否	3	18.7

数据来源：实地调研。

理事长担任社会职务因素。如表 7-5 所示，理事长担任社会职务的合作社占 32.0%，高于全省平均水平，这与选择样本的时候考虑的因素有关，在选择样本时，选择了正常运营的合作社。数据分析结果可以说明，理事长担任社会职务的合作社，运行良好的比率较高。通过进一步调查发现，理事长担任和未担任社会职务的合作社推广使用现代农业技术的比率分别为 87.8% 和 57.5%，理事长担任社会职务的合作社推广使用现代农业技术比率较高。

表 7-5　理事长担任职务与推广使用现代农业技术情况

内容	类型	数量（家）	占比（%）	是否推广使用现代农业技术	数量（家）	占比（%）
理事长是否担任社会职务	是	41	32.0	是	36	87.8
				否	5	12.2
	否	87	68.0	是	50	57.5
				否	37	42.5

数据来源：实地调研。

理事长文化水平因素。数据调研如表 7-6 所示，理事长文化水平在初中及以下的占比 23.4%，高中（中专）占比 37.5%，大专及以上占比 39.1%，理事长处于三种文化水平下的合作社推广使用现代农业技术的比率分别为 33.3%、64.6%、90%，理事长的文化水平影响着合作社推广使用现代农业技术行为，文化水平越高，推广使用现代农业技术的比率越高。

表 7-6　理事长文化水平与推广使用现代农业技术情况

内容	文化水平	数量（家）	占比（%）	是否推广使用现代农业技术	数量（家）	占比（%）
理事长文化水平	初中及以下	30	23.4	是	10	33.3
				否	20	66.7
	高中（中专）	48	37.5	是	31	64.6
				否	17	35.4
	大专及以上	50	39.1	是	45	90.0
				否	5	10.0

数据来源：实地调研。

（4）合作社社员数量因素

数据调研如表 7-7 所示，社员数在 5～50（含 50）户的合作社占比 44.5%，50～100（含 100）户的合作社占比 34.4%，100～300（含 300）户的合作社占比 17.2%，300 户以上的合作社占比 3.9%，这说明运行良好的合作社社员数通常在 300 户以内，吉林省的合作社仍然以中小规模为主。在推广使用现代农业技术比率上，四个规模的合作社占比分别为 50.9%、77.3%、86.4%、80.0%，数据结果表明，合作社社员数量在一定程度上影响着合作社推广使用现代农业技术行为，规模越大，推广使用现代农业技术的占比越高。

表 7-7　合作社社员数量与推广使用现代农业技术情况

内容	范围（户）	数量（家）	占比（%）	是否推广使用现代农业技术	数量（家）	占比（%）
社员数量	5～50（含 50）	57	44.5	是	29	50.9
				否	28	49.1
	50～100（含 100）	44	34.4	是	34	77.3
				否	10	22.7
	100～300（含 300）	22	17.2	是	19	86.4
				否	3	13.6
	300 以上	5	3.9	是	4	80.0
				否	1	20.0

数据来源：实地调研。

（5）合作社年利润因素

利润是合作社一定期间的经营结果，更是其未来时期资金投入的内部积累，能够保证合作社生产经营活动持续有效运行。数据调查如表 7-8 所示，年

· 129 ·

利润在 0 万～50（含 50）万元的合作社占比 73.4%，50 万～100（含 100）万元的合作社占比 17.2%，100 万～300（含 300）万元的合作社占比 5.5%，300 万元以上的合作社占比 3.9%。合作社年利润普遍为 0 万～100 万元，以中小规模的合作社为主。在四个范围内，合作社推广使用现代农业技术比率分别为 56.1%、71.4%、81.8%、91.7%，数据结果表明，合作社年利润是合作社推广使用现代农业技术的影响因素之一，年利润越高，推广使用现代技术的比例越大。

表 7-8　合作社年利润与推广使用现代农业技术情况

内容	利润区间（万元）	数量（家）	占比（%）	是否推广使用现代农业技术	数量（家）	占比（%）
年利润	50 及以下	66	73.4	是	37	56.1
				否	29	43.9
	50～100（含 100）	28	17.2	是	20	71.4
				否	8	28.6
	100～300（含 300）	22	5.5	是	18	81.8
				否	4	18.2
	大于 300	12	3.9	是	11	91.7
				否	1	8.3

数据来源：实地调研。

(6) 合作社经营管理水平因素

数据调研如表 7-9 所示，经营管理团队健全的合作社占比 64.1%，不健全的合作社占比 35.9%，这说明合作社在管理上依然存在着诸多问题。在推广使用现代农业技术上，两个类型合作社占比分别为 84.1%、37.0%，合作社管理水平在一定程度上影响着合作社推广使用现代农业技术行为，经营管理团队健全的合作社更倾向于推广使用现代农业技术。

表 7-9　合作社经营管理水平与推广使用现代农业技术情况

内容	类型	数量（家）	占比（%）	是否推广使用现代农业技术	数量（家）	占比（%）
合作社经营管理团队是否健全	是	82	64.1	是	69	84.1
				否	13	15.9
	否	46	35.9	是	17	37.0
				否	29	63.0

数据来源：实地调研。

（7）合作社资金情况因素

数据调研如表 7-10 所示，资金充足的合作社占比 20.3％，资金不充足的合作社占比 79.7％，合作社普遍存在缺乏资金现象。在推广使用现代农业技术上，两类合作社占比分别为 53.8％、70.6％，结合实际访谈内容，得知合作社扩大再生产和购买先进机械的资金需求较大，容易造成资金困境。合作社资金情况在一定程度上影响着合作社推广使用现代农业技术行为。

表 7-10　合作社资金与推广使用现代农业技术情况

内容	类型	数量（家）	占比（％）	是否推广使用现代农业技术	数量（家）	占比（％）
合作社发展中资金是否充足	是	26	20.3	是	14	53.8
				否	12	46.2
	否	102	79.7	是	72	70.6
				否	30	29.4

数据来源：实地调研。

（8）合作社自身技术供给能力因素

数据调研如表 7-11 所示，农业技术服务到位的合作社占比 64.1％，不到位的占比 35.9％，两种类型中，推广使用现代农业技术的合作社比例分别为 89％、28.3％，合作社农业技术供给与自身需求仍然有一定的差距，同时可以看到，服务越到位的合作社，其现代农业技术推广使用的可能性越大。

表 7-11　合作社农业技术服务与推广使用现代农业技术情况

内容	类型	数量（家）	占比（％）	是否推广使用现代农业技术	数量（家）	占比（％）
合作社经营中现代农业技术服务是否到位	是	82	64.1	是	73	89.0
				否	9	11.0
	否	46	35.9	是	13	28.3
				否	33	71.7

数据来源：实地调研。

7.1.4.2　农民合作社外部环境因素

（1）农业部门及科研机构对合作社进行现代技术的指导因素

数据调研如表 7-12 所示，有农业部门及科研机构对合作社进行现代技术指导的合作社占比 25.8％，没指导的合作社占比 74.2％。技术人员主要来自农业技术推广站、科研院所。两种类型中，推广使用现代农业技术的合作社比例分别为 93.3％、57.9％，从中可以看出，现代农业技术直接指导有助于合作社推广使用现代农业技术，同时，也应该注意到农业部门和科研院所对合作社的指导还很缺乏。

表 7-12　农业部门及科研机构对合作社进行现代技术指导与推广
使用现代农业技术情况

内容	类型	数量（家）	占比（%）	是否推广使用现代农业技术	数量（家）	占比（%）
是否有农业部门及科研机构对合作社进行技术的指导	是	33	25.8	是	31	93.9
				否	2	6.1
	否	95	74.2	是	55	57.9
				否	40	42.1

数据来源：实地调研。

（2）现代农业技术培训因素

数据调研如表 7-13 所示，每年参加现代农业技术培训的合作社占比 68.8%，没参加培训的合作社占比 31.2%，培训内容以生产资料使用技术、种植技术、养殖技术、机械技术、管理技术、销售技术为主。在这两个类型中，推广使用现代农业技术的合作社比例分别为 83.0%、32.5%，可以看出，技术培训有助于合作社推广使用现代农业技术。

表 7-13　现代农业技术培训与推广使用现代农业技术情况

内容	类型	数量（家）	占比（%）	是否推广使用现代农业技术	数量（家）	占比（%）
合作社每年是否接受现代技术培训	是	88	68.8	是	73	83.0
				否	15	17.0
	否	40	31.2	是	13	32.5
				否	27	67.5

数据来源：实地调研。

（3）政策支持因素

数据调研如表 7-14 所示，获得过现代农业技术发展政策支持的合作社占比 27.3%，没获得的合作社占比 72.7%，在这两个类型中，推广使用现代农业技术的合作社比例分别为 97.1%、55.9%，说明政策支持有助于合作社推广使用现代农业技术，同时，也能看出，政策支持的普及率不是很高。

表 7-14　政策支持与推广使用现代农业技术情况

内容	类型	数量（家）	占比（%）	是否推广使用现代农业技术	数量（家）	占比（%）
合作社是否获得过支持现代农业技术发展的政策支持	是	35	27.3	是	34	97.1
				否	1	2.9
	否	93	72.7	是	52	55.9
				否	41	44.1

数据来源：实地调研。

综上，吉林省农民合作社推广使用现代农业技术受到内外两方面因素的影响，其中，内部主要因素为理事长因素、社员数量、实现利润情况、经营管理水平、资金和技术供给等，外部主要因素为技术指导、培训、政策支持等，为合理制定吉林省农民合作社提高现代农业技术推广使用情况提供了方向。

7.2　吉林省科技特派员农业科技推广分析

7.2.1　科技特派员制度的内涵

科技特派员制度是一项源于基层探索、群众需要、实践创新的制度安排，主要目的是引导各类科技创新创业人才和单位整合科技、信息、资金、管理等现代生产要素，深入农村基层一线开展科技创业和服务，与农民建立"风险共担、利益共享"的共同体，推动农村创新创业深入开展。

科技特派员制度是新时代推动农村经济社会发展和科技进步的新生事物和有效载体，是破解现阶段"三农"问题、推进乡村振兴战略实施的有效模式和得力举措。党中央、国务院高度重视科技特派员工作，从 2012 年以来，已经连续多年将这一工作写入当年的中央 1 号文件。

2019 年，习近平总书记在对科技特派员制度推行 20 周年的重要批示中指出，科技特派员制度推行 20 年来，坚持人才下沉、科技下乡、服务"三农"，队伍不断壮大，成为党的"三农"政策的宣传队、农业科技的传播者、科技创新创业的领头羊、乡村脱贫致富的带头人，使广大农民有了更多获得感、幸福感。

吉林省作为科技特派员制度试点省份，多年来从高等院校、科研院所等单位选派了一大批优秀科技特派员，加速了吉林省科技成果转化的进程和产业结构调整，全面提升了农民的综合素质，促进了农业增产、农民增收、农村繁荣。

7.2.2　科技特派员工作开展情况

2003 年，松原市作为"吉林省科技特派员创业行动试点城市"，率先在吉林省开展科技特派员创业行动。吉林省科技特派员科技创新创业工作经过"学习借鉴，开展试点""积累经验，扩大示范""总结提高，全面试点"三个阶段的实施，探索出一条适合吉林省"三农"需求的科技服务新农村建设的有效途径，将科技特派员创业工作与建立新型农业科技服务体系相结合。在此基础上，吉林省逐步完善了省、市（州）、县（市、区）3 级科技特派员选派体系。科技特派员选派人数逐年增加，而且，从 2016 年开始，吉林省着重把法人科技特派员作为支持重点，重点支持法人科技特派员以自身创办、领办、协办的企业带动县域经济发展和农民致富的产业化项目，不断培育和完善涉农企业的产业化链条。

2016 年，我国进入全面建成小康社会的决胜阶段，农村经济社会发展任务艰巨繁重。为贯彻落实国务院办公厅《关于深入推行科技特派员制度的若干意见》（国办发〔2016〕32 号），推动全省科技特派员工作深入持续开展，不断激发广大科技特派员创新创业热情，推进全省农村大众创业、万众创新，促进一二三产业融合发展，吉林省人民政府办公厅印发了《吉林省深入推行科技特派员制度实施方案》（吉政办发〔2016〕75 号）（以下简称"方案"）。《方案》指出，坚持改革创新，突出农村创业，做好以下几项重点工作：一是强化农村科技服务，二是推动农村创新创业，三是落实全省精准扶贫部署，四是提升科技支撑能力。

为了更好地实施上述以及相关政策规定，2016 年 12 月，吉林省科技厅制定了《吉林省科技厅"星创天地"建设方案》（吉科发农〔2016〕274 号）。"星创天地"是发展现代农业的"众创空间"，是农村"大众创业、万众创新"的有效载体，是新型农业农村创新创业一站式开放性综合服务平台。建设"星创天地"，有利于带动众多科技特派员、农村技术骨干、返乡农民工、大学生持久深入地在农业农村领域创新创业，培育壮大新型农业农村经营主体，培养创新创业骨干队伍。而且，省科技厅还制定出台了《科技特派员产业扶贫专家队伍建设实施方案》等工作措施，进一步拓宽了科技特派员的选派范围，旨在将想干事、能干事、干成事的专业人才广纳到选派队伍当中。

截至 2020 年 4 月，吉林省科技特派员队伍数量已达到 9 957 人；在省级层面，组建了种植业、养殖业、加工业、特产业等 4 个专业团队，指导各市（州）、县（市）组建了 50 个科技特派员技术专家组，在全省范围内，已基本上形成"上下成线、左右成网"的农业科技特派员服务体系。已被选派的科技特派员，能够围绕本地产业发展和农村、农民的实际需求，发挥自身的专业优势，践行奉献精神，在吉林大地上实施了一批科技特派员创新创业项目，有力推动了全省县域农业农村经济的健康发展。据统计，2019 年，科技特派员产业扶贫专家队伍成员累计服务天数 17 494 天，服务农村合作组织 1 305 个，开展科技培训 2 482 场，培训农民群众 6 万余人（次），为助力脱贫攻坚和乡村振兴做出了重大贡献。

下面以 2019 年为例，具体说明吉林省科技特派员工作开展情况：

（1）完成吉林省科技特派员推荐认定工作，科技特派员队伍日益壮大

为进一步发挥科技特派员在农村科技创新创业和引领辐射作用，壮大科技特派员队伍，吉林省开展了2019年上半年省级科技特派员、法人科技特派员推荐认定工作。

共认定自然人科技特派员401名。其中，按照地区划分，长春地区31人、吉林地区47人、四平地区61人、辽源地区10人、通化地区12人、延边地区71人、松原地区60人、白山地区80人、白城地区29人；按照单位性质划分，高等院校14人、科研机构51人、企业（含合作社）87人、其他单位249人；按照职称划分，正高级职称75人、副高级职称107人、中级职称101人、初级职称32人、无职称86人。推荐的401人中服务于贫困村人数为224人。

共认定法人科技特派员81家。其中，按照地区划分，长春地区10家、吉林地区6家、四平地区19家、辽源地区3家、通化地区7家、延边地区9家、白山地区21家、松原地区5家、白城地区1家；按照单位性质划分，科研机构1家、种植类企业45家、养殖类企业9家、加工类企业15家、科技服务类企业6家、其他基层单位5家。推荐的81家单位中服务于贫困村数量为29家。

截至2019年底，吉林省共有科技特派员9 596人，其中自然人科技特派员8 346人、法人科技特派员（团队）1 250个。科技特派员贫困村覆盖率达到100%。同时，在科技特派员制度推行20周年总结会议上，吉林农业大学吴春胜教授和延边朝鲜族自治州农科院亢学平副研究员作为科技特派员获得科技部通报表扬，吉林省农科院作为科技特派员的组织实施单位也获得了通报表扬。

（2）组建科技特派员产业扶贫专家队伍，通过科技项目扶贫

2019年，吉林省充分发挥科技特派员扶贫生力军作用，积极动员全社会科技力量投入脱贫攻坚主战场，将科技特派员产业扶贫专家队伍建设与科技特派员贫困村科技服务全覆盖工作有机结合，省科技厅制定了《吉林省科技厅科技特派员产业扶贫专家队伍建设实施方案（2019—2020年）》（吉科发农〔2019〕132号）。组建了种植业、养殖业、特产业和加工业等4个科技特派员产业扶贫技术团队，以及长春市科技特派员产业扶贫技术专家组等50个科技特派员产业扶贫技术专家组。完成了2019年度科技扶贫项目申报立项工作。2019年，省科技厅农村处针对省内国家、省级扶贫开发重点县（市、区）区域发展特色和产业需求，共向省内8个国家级贫困县（市）和图们、柳河、洮北3个省级贫困县（市、区）安排科技扶贫项目12项，投入经费185万元。

（3）完成"三区"科技人才选派工作，科技推广成效显著

为贯彻落实《中国农村扶贫开发纲要（2011—2020年）》和科技部等5部门联合下发的《边远贫困地区、边疆民族地区和革命老区人才支持计划科技人员专项计划实施方案》（国科发农〔2014〕105 号）精神，2019 年，共选派了 124 名科技人员到吉林省"三区"提供科技服务，共投入资金 266 万元，其中国家支持 199 万元、省财政配套 67 万元。同时，2018 年选派的 128 名科技人员服务任务期已经结束，取得了显著成效。共服务乡镇 121 个、村庄 265 个，带动农户 4 388 户；服务企业、合作社、农民协会等机构 120 个；创办领办企业、合作社、农民协会等机构 4 个；引进新品种 391 种，推广新技术 143 个；建立示范基地 80 个，为受援地引进项目 28 个，引进资金 268 万元；培养基层技术骨干 1 480 人；举办培训 216 期，培训农民 12 202 人次；帮助受援对象增收 1 564.75 万元。

（4）利用公益服务热线，开展多领域农技咨询服务

吉林省科技厅组建了第四批"农村科技 12396 专家服务团"，力争全方位、多层次为贫困群众开展网络信息服务，不断提高农民依靠科技增收致富本领，进而促进农业增产、农民增收、农村繁荣。2019 年，"12396"公益服务热线为省内贫困群众提供包括种植、养殖、植保、土肥、果树园艺等方面的农技咨询服务，让贫困群众足不出户就可以得到省内相关专家的技术指导。截至目前，累计服务 3 244 次，其中，视频咨询 3 125 次、视频解剖 105 次、视频培训 14 次。

为进一步提升吉林省农村科技工作综合信息化服务能力，加快推动以信息化引领驱动乡村振兴战略的实施，吉林省科技厅农村处开发了"吉林省农村科技服务综合信息管理平台"，该平台设置了科技特派员、科技扶贫和园区基地 3 个功能模块。目前，该平台已初步建立，正在完善中。

2019 年，吉林省科技厅在科技经费总额未增加，各类项目需求较多的情况下，拿出 1 000 多万元，专项用于支持科技特派员农村创新创业、产业扶贫专家队伍建设及科技特派员贫困村科技服务与创业带动全覆盖工作。2020 年，吉林省科技厅将继续加大支持力度，支持科技特派员以生态环境友好和资源永续利用为导向，为农民加快转变生产生活方式、发展绿色经济、改善农村人居环境、加强乡村生态保护与修复提供技术服务，加快形成美丽乡村建设与农民增收致富互助共进的良好局面。

7.2.3　科技特派员工作中存在的主要问题

科技特派员模式是面对农村基层农业科技推广力量不足、农民获取农业科技服务难而建立起来的。科技特派员旨在帮助农民申请各类农业科技项目、开拓农业市场，从而与农业科技企业、农民专业合作社、个体农户结成利益共同体，推动农业科技推广服务的"政府、市场、农户"三方整合。科技特派员对我国的农业发展发挥着不可替代的作用，但是吉林省科技特派员工作发展方面还存在着一些问题。

（1）少数部门对科技特派员工作的认识不够

科技特派员作为开展农村科技服务、农村创新创业工作的生力军，在农业科技推广中发挥了重要作用，而有的部门对科技特派员工作的重要作用认识不清，只看重科技特派员争取了多少资金和项目，而不太注重引导科技特派员创新创业。这在一定程度上限制了科技特派员服务农技推广，开展创新创业工作。

（2）科技特派员选派范围还不够宽泛

从吉林省科技特派员选择的方式看，选择的科技特派员绝大多数是来源于涉农高等院校和科研院所的科技人员，尽管在近年有所调整，但企业涉及的人员比例还需提高，否则，能够创业的科技人员就更少，不利于农村基层地区科技特派员双创事业的稳步推进。同时，科技特派员队伍年龄结构需进一步优化。目前，特派员中老龄化现象十分明显，从事该工作的年轻人比较少，出现人才断层，整体缺乏活力。

（3）对法人科技特派员支持力度不够

法人科技特派员是科技特派的重要组成部分，具有整合凝集整个单位科技力量的能力，是促进地方产业发展的重要力量。将法人科技特派员与普通科技特派员放到了一起，与普通科技特派员同等对待，缺少相应的激励政策，没有充分发挥法人科技特派员的优势，致使局部地区产业链发展的势头不足。

（4）科技特派员工作的激励与保障机制不完善

由于科研经费有限，某些部门不注重引导科技特派员参加专业培训，不断提高其自身专业素质，对做出突出性贡献的人员给予的物质奖励和精神激励与其所做贡献不相称，不能有效激励科技特派员持续热情奉献于农村科技创新创业。另外，科技特派员参加职称评聘、岗位晋级等保障措施也有待加强。

（5）科技特派员在利益共同体建立上没有大的突破

目前，大部分科技特派员只限于科技服务和技术指导，缺乏创办、领办"利益共同体"积极性，缺乏创业的魄力和胆识，有的对创办经济实体心存顾虑。

第8章
国外农业科技创新与成果转化的
经验与启示

8.1 国外农业科技创新与成果转化的现状与经验

8.1.1 美国农业科技创新与成果转化的现状与经验

8.1.1.1 美国农业科技创新与成果转化现状

美国是农业强国，是农产品出口率最高的国家，有着完善的农业科技创新体系和强大的顶尖科技实力，农业科技进步率高达80%。美国农业科技创新发展主要体现在以下几方面：①形成了科研、教育、推广"三位一体"的农业科技创新体系；②农业科技创新体系建立在全面的法律制度之下，联邦政府相继通过了数部法案，以此来保护机制的完善；③采用了产学研相结合的农业科技创新模式，产学研紧密结合，以提高农业科技成果转化率；④近些年，私立研发机构加大农业科技创新投资力度，重点在于将科技成果商品化。

8.1.1.2 美国农业科技创新与成果转化的经验

（1）构建了"三位一体"的农业科技创新和推广体系

伴随着美国农业科技创新体系建设的不断发展，美国逐渐形成了科研、教育、推广"三位一体"的农业科技创新推广体系。其中，农业科研体系包含了国立、州立和私立的研究机构，农业教育体系则涵盖了设有涉农学院的综合性大学和公立农学院，农业推广体系由农业部推广局、州立大学农学院、县推广站三大层次组成（黄俊，2011），见图8-1。

（2）完备的农业科技创新建设法案

美国农业科技创新和推广体系为农业科技发展提供了稳固根基，这与国家完善的法律制度密切相关。为促进农学教育和农业发展，美国国会于1862年通过了《莫里尔法案》，法案规定联邦政府依照各州国会议员人数，向各州赠予一定量的国有土地或等额土地期票，所得收益需至少开办一所从事农业和机械工程教育的学院，即赠地学院，并规范了对赠地学院的财政拨款。赠地大学改变了美国高等教育发展的方向，把教学和科研活动延伸到课堂和校门之外的

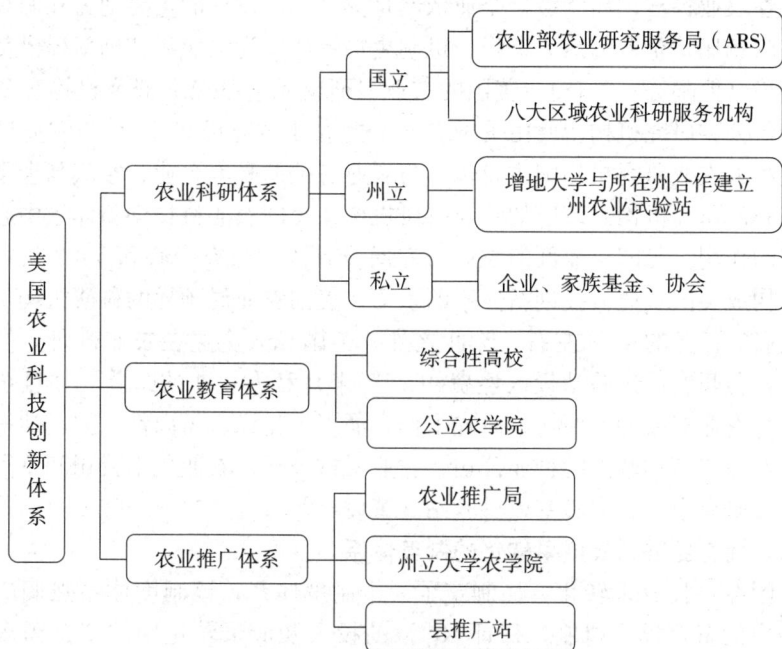

图 8-1　美国农业科技创新体系总体架构

社会实践中，在美国农业科技创新体系中发挥了重要作用。

1877 年，美国国会通过的《哈奇法案》规定，美国农业部、州政府和赠地学院共同负责建立各州的农业试验站，并要求由赠地学院具体管理。州农业试验站的主要职责是开展田间试验、采集并研究当地农业信息，同时展示并推广科技成果。为进一步明确赠地学院在地方农业技术推广体系中承担的主要角色和任务，1914 年美国国会通过了《史密斯—利弗法案》。该法案创建了一套农业科技推广工作系统，联邦政府需要每年划拨专项资金，各州按比例配套经费。

1980 年，美国国会又通过了《拜杜法案》，后经修改被纳入《专利法》。该法案规定，研究机构利用联邦政府资助获得的科研成果，在一定条件下其知识产权的拥有方由政府改为研发人所在的研究机构。同时，鼓励研究机构申请专利，与企业合作转化研究成果，特别是支持研究机构向小型企业提供使用专利的优先条件。该法案为专利保护和成果转化搭建了实质性的运作机制，为科研人员的研究工作和技术成果提供了保护伞，通过合理化的收益划分持续激励创新。该法案的出台实现了美国科技成果转化率的飞速提升。

（3）企业已成为农业科技创新的主体

美国企业已成为科技创新的主体，企业的研发投入约占全国研发投入的

70%。在农业科技创新领域，企业依然是推动创新发展的重要动力和源泉。与公共部门相比，企业的活力更强、机制更加灵活，为农业科技创新提供良好的发展环境（熊鹏等，2018）。美国的农业科研体系包括公共研究机构和私人研究机构。公共研究机构主要由美国农业部的农业研究局和56个州农业试验站组成，私人农业研究机构则主要包括与农业有关的私人企业、家族基金会、协会等举办的研究机构。政府的农业科研机构在美国农业科技创新体系中起着不可替代的作用。美国农业部的农业研究局设有四大研究中心和56个州农业试验站，构成美国农业科技创新体系的主体。美国农业局领导的科研机构负责全国公共研究任务的40%左右。除此之外，美国私人企业在农业科研上的投入也很大，各州农业试验站投入经费约19%来自私人企业的赠款，并且全美有数百家与农业有关的厂商从事研究工作，涌现了先锋、孟山都、先正达等大型跨国种业集团，一些大的种业公司、农业机械公司、农业化学公司和食品公司大都设有研究中心、实验室或试验站（黄俊，2011）。

（4）拥有促进科技成果转化的制度体系

美国在科技成果转化方面制定了一个制度体系，该制度体系强调应该有一个稳定的资金投入机制，保证R&D的投入及成果转化中的资金需求；体系中还包括提供专业服务的中介机构，建立成果所有者和成果需求者之间的联系，同时提供专利披露与专利营销等专业性服务；体系中还有法律及政策，从人才培养以及奖项激励等方面营造促进科技成果转化的氛围。美国在科技成果转化方面的成功正是这个制度体系中多方面共同努力的结果（吴卫红等，2015）。

8.1.2 荷兰农业科技创新与成果转化的现状与经验

8.1.2.1 荷兰农业科技创新与成果转化现状

荷兰国土狭小，资源贫乏，是典型的人多地少国家，但是荷兰经济发达，在世界农产品市场上具有较高竞争力。荷兰在农业发展过程中非常注重对土地的集约利用，全国有60%的土地用于农业生产，通过农业科技创新使得荷兰成为了世界农业大国，尤其在畜牧业、花卉市场和农产品加工等领域，荷兰的农产品竞争力位居世界前列（段莉，2010）。荷兰农业科技创新体系的基本框架如下：①农业科技研发系统。荷兰农业科技研发系统由农业实验站、区域研究中心、研究所和大学等组成，它们拥有不同的研究方向和研究重点，分工明确且相互合作。早在1876年，荷兰就建立起了第一个农业试验站。目前全国拥有100多个农业研究机构。②农业科技推广系统。荷兰农业科技推广体系由4部分组成：以政府为主的公益性农业技术推广系统、以各类农业协会为主的社会经济推广系统、以各类私营农场与私营企业为主的农业技术推广系统、以农民合作社为主的农业技术推广系统。这种综合性、多层次的服务体系对于农业技术的推广起到了重要作用（顾卫兵等，2017）。③农业科技教育培训系统。荷兰大部分农民不仅能够掌握现代农业专业技术知识，而且还能熟练使用和修理各种农机设备，同时还会利用互联网技术了解和收集相关农业信息和市场需求。荷兰拥有一批高素质农民主要得益于该国农业人才培养与农民教育培训体系。

8.1.2.2　荷兰农业科技创新与成果转化的经验

（1）构建了"OVO 三位一体"的全国性农业科技创新体系和网络

荷兰政府对农业科研、教育和推广非常重视，把促进其发展作为政府的重要职责，创新构建了以农民为核心的著名的"OVO 三位一体"（即农业科研、教育和推广三位一体模式）全国性农业科技创新体系和网络，三者的协同发展是荷兰农业取得巨大成就的一条基本经验。在荷兰，农业部统一领导农业科研部门、教育部门和推广部门，部长负责全面协调，三个部门之间领导可以相互兼职，权责明确，从而确保了农业科研、教育和推广的密切结合。

荷兰的农业科研、教育和推广系统相当发达，被誉为荷兰现代农业的三个支柱，这三个部分的连接以及与农民的合作，构成了荷兰农业生产的基本模式。20 世纪 80—90 年代以来，荷兰农业科研、教育和推广系统三者协同发展形成"OVO"模式，该体系的核心内容为：结合政府相关政策，研发、推广农业新技术，并通过提高农业从业人员和农民及相关主体的受教育水平，将新技术应用于实践。这种模式一方面能使研究机构的新成果、新技术快速传播到技术使用或教育部门；另一方面，农场主、农业组织在实践中遇到问题也会很快反馈到研究机构。

荷兰在农业科研、教育、推广之间设立联络办公室，使产学研合作紧密。在国家级的研究所和试验站的附近设有 20 个对应的联络办公室。联络办的职责是协调科研、教育同地区推广站之间的关系，尤其是地区推广站与相应的科学研究所之间的关系，主要收集和整理有关的农业科技情报。联络办是地区推广站首要问题专家和不同学科专家的后盾，除进行技术推广、咨询外，还将科研成果推广和付诸应用过程中出现的问题及时反馈给科研部门，同时也为农渔部制定各项政策、法规提供科学依据（翟琳等，2017）。

（2）创新高效的科研管理机制

荷兰国家农业研究委员会协调全国的农业研究工作，由农业部领导。农业研究委员会既是行政管理机构，又是执行机构。委员会的主要职责是促进荷兰的农业研究，提供农业研究资金和大型公用设施。委员会也负责对农业研究成果评审、注册和登记的管理。此外，委员会下还设有一些专业咨询委员会，在研究和生产部门之间起桥梁作用，提出生产上需要研究解决的问题，并把新的研究成果推荐给生产部门，对研究工作也提供部分资助。研究机构之间的协作由研究课题管理处组织，并负责研究经费的分配。

荷兰的农业科技项目立项以市场需求为导向，实行委托式项目管理机制。一方面，可以通过竞争获得政府委托科研项目及经费资助，以确保在日益国际化的背景下，保持荷兰农业科技在国际上的竞争能力；另一方面，为了激励农业科技创新，分散创新可能带来的风险，更好地解决日益复杂的农业生产实际问题，促进成果的迅速应用，对农业科技体制进行了改革，通过引入市场机制，把部分研究机构推入市场，面向生产、接受私人企业的委托，从事项目研究。

（3）重视高素质农民的培养和教育

荷兰农业教育也归农业部管辖，并由农业部负责执行农业教育政策。农业教育的任务主要是协助农业知识传播网，面向农业生产过程中的各个环节，从初级产品的生产直到产品的深加工及销售，全方位地提供农业知识。荷兰的农业教育体系在农业生产和产业化中作用越来越重大。

大力开发农业人力资源，造就世界一流农民，始终是荷兰农业政策的出发点。荷兰农业人才培养与农民教育培训体系有初等、中等、高等三个层次。在荷兰这个不大的国家里，各类农业院校和培训中心多达342所，学校的宗旨始终是为农民服务、为生产服务。职业教育直接面向农民，农民通过职业教育第一时间了解各项技术的最新进展和市场需求，为培育较高科学素质和商业能力的职业农民提供了基本保障（顾卫兵等，2017）。

（4）形成以国家为主导、政府与地方或农民合作的科技成果推广体系

荷兰的农业技术推广体系由国家推广系统、农协组织、商贸私有咨询服务系统和农民合作社组织四个方面的力量组成，而且农业技术推广机构以国家推广机构为主，以农民合作组织、私人咨询服务组织为辅（柏宗春等，2020）。政府农业推广服务部门建立了农业技术服务网络平台，通过农业技术网络平台的应用使得农户与研发实验人员加强交流，并安排了农业技术推广员配合农民，为农民解释一些晦涩难懂的农业技术问题，在技术上给予农民最大力度的扶持。而且，无论是中央还是地方的推广部门，都设有专职的推广培训教育专家，讲授推广的基础理论、推广方法及适用的新技术。

总之，建立完备的农业科技创新和推广体系，既有效地提高了技术研究的可行性，也在很大程度上加快了农业科技成果的转化，这是荷兰农业飞速发展的关键因素。

8.1.3　以色列农业科技创新与成果转化的现状与经验

8.1.3.1　以色列农业科技创新与成果转化现状

以色列土地贫瘠，其国土总面积的 45% 是沙漠，且水资源极其贫乏，可耕地面积 44 万公顷，人口 630 万人，人均耕地面积约 1 亩，但是，以色列却以这样的自然条件创造了农业生产的新奇迹，以 4% 的农业劳动力创造了 10% 的 GDP，成为设施农业、节水农业发展的典范，为众多发展中国家所学习。技术创新是以色列农业发展的灵魂，其拥有世界领先的生物综合防治技术、滴灌技术、高产种养技术、精准农业技术、多倍体繁育技术和光热网膜技术等。20 世纪 80 年代，以色列科技进步对农业增长的贡献率已达到 96%。以色列是联合国粮农组织指定的向发展中国家技术推广的国家之一。

以色列农业科技创新体系由农业科研管理与研究机构、农业科技推广体系和农民培训与教育体系构成：①农业科研管理与研究机构。以色列设立了全国农业科技管理委员会，统一管理农业科技事务。以色列农业科研机构主要由独立的公益性研究机构、农业科教机构和公司类社会研究机构组成，与美国相似，有相当多的公司类农业科研机构，且数量仅次于美国，其领域涵盖了农业研究的方方面面。②农业科技推广体系。从 1949 年开始，以色列国家农业部就成立了农业技术推广服务局，属国家级农业技术推广中心，根据农业生产需要设有牛、羊、禽、蜂以及行政管理等 14 个专门委员会，承担着政府农业技术推广的职能。为了便于将成熟的科研成果快速地传输给农民，根据不同农业生态区域条件成立了 9 个区域性推广服务中心，负责本区域的技术推广工作和与农业科研的相互衔接，在行政上和业务上接受国家农业技术推广中心的领导和指导。每个区域中心有 10~30 名专业推广人员，并根据区域农业技术推广特点建立了一些专门委员会。③农民培训与教育体系。为提高农民的科技素质，以色列成立了专门的农业教育培训机构，主要机构有耶路撒冷希伯来大学的农学院和以色列重要的教育兼科研机构以色列技术学院，位于特拉维夫郊外的以色列国际农业培训中心也负有盛名，每年免费举行多期农业培训教育，由专家讲课，授课内容包含水利、农业气象、农产品储藏加工等方面的知识，对农业人才的知识更新起到了重要作用。

8.1.3.2　以色列农业科技创新与成果转化的经验

（1）政府重视，财政支持力度大

以色列专门设立全国农业科技管理委员会，采取由全国农业科技管理委员会统一管理的科研体制，把农业科技创新提升到国家层面，形成了全国重视农业科技创新的整体局面。农业科技管理委员会由农业部、农业科研机构、农业

科技推广服务机构和农民组织的代表组成，它的主要职责是制定全国农业科技政策，确定科研主攻方向和领域，审批全国农业科技计划。以色列农业快速发展离不开政府的财政支持，以色列每年用于农业研发的投资超过农业总产值的2.5%，这一机制大大激励了私人投资的积极性，也为政府引导资金的退出做了很好的铺垫（沈云亭，2019）。

（2）形成了"科研、推广、服务"一体化的农业科技创新推广体系

科研开发是后盾，推广和服务体系是动脉。以色列国家建立了一套由政府部门（农业部等）的科研机构和社区及社会科研机构相结合的科研、开发体系。每个科研机构都定期将研究的成果推广用于农业生产，使这些科研成果很快就转化为现实生产力。以色列每个农业科研人员都是某一方面的专家，为农业生产经营者提供技术指导、咨询和培训（郭建强，2010）。以色列农业科技成果转化模式主要采用政府推广模式，由全国农业科技管理委员会统一管理，农业部、科研机构及农民合作组织协同工作，完成科技成果转化和技术推广。其特点在于政府的人力、物力、财力和影响力占有绝对优势，有利于协调各方面资源快速推进农业科技成果的转化工作（柏宗春等，2020）。

8.1.4 德国农业科技创新与成果转化的现状与经验

8.1.4.1 德国农业科技创新与成果转化现状

德国是世界公认的科技强国和高度发达的现代化工业国家，同时也是一个拥有高效的现代化农业的国家，农业科技领先，标准化、机械化程度高，种植业和畜牧业均已实现机械化作业，劳动生产率居欧盟先进水平。德国先进的农业科技，离不开完善的农业科技创新体系和对科研创新工作的重视。

德国农业科技创新体系发展较为成熟完善，主要包括四个主体。第一个是以政府为主导的农业科研机构，联邦和各州政府持续稳定的财政拨款支持各类官方科研机构并且搭建国家级创新实验平台，制定农业发展的长远规划以及重大项目，吸引各类人才进行农业基础创新。第二个是学术型和应用型的农业高等院校。政府明确科研机构是创新的主体。农业研究型大学实施学科教育，培养高层次农业人才；农业应用技术大学培养面向农业生产、管理和服务，以实践为导向的应用型人才。第三个是农业协会。德国农业协会是欧洲领先的食品和农业发展非政府组织之一，致力于促进农业及食品领域的科技进步与发展，为会员提供农业和食品技术推广，农机质量认证，食品安全检测，出版物、农机畜牧展览等各项服务，是农业和食品领域中理论和实践交流的桥梁和纽带。第四个是农业企业。德国的农业企业在科技创新中主要着力于应用技术研究和相关成果的转化。德国的农机企业、生物制药企业很多是大型跨国企业，在制造工艺、物流管理以及试验和检测平台的建设等方面具有较高技术创新水平。

8.1.4.2 德国农业科技创新与成果转化的经验

（1）重视科研机构为主的基础研究

德国政府认为，促进基础研究是德国的首要责任，联邦和州政府对基础研究高度重视。德国农业的科技发展水平在欧盟乃至世界居于前列的一个重要原因就是德国把科技创新视为国家发展的战略，德国政府以及举国人民重视科技创新，重视基础创新，故其把政府支持的科研机构作为科技创新的基础和源头，企业主要进行应用技术层面的研究和相关科技成果的转化。德国高度重视农业科技的基础研发，制定生物技术、有机农业等一系列的科技发展战略和计划，对基础研究进行规划布局（钟春艳等，2019）。

（2）重视农业科技的稳定性投入

德国科研经费的比例在欧盟国家居于前列，占到 GDP 的 3% 左右，在政策制定和经费投入等方面都优先支持农业科研，政府承担大部分的科研经费以支持农业基础性研究。2015 年德国全社会总研发投入首次突破 GDP 的 3%，高于欧盟 2.08% 的平均水平，其中，企业投入占研发总投入的 2/3。德国的农业企业在技术创新中发挥着重要作用，大型企业、跨国企业是技术创新的主体，重视研发创新和技术革新，普遍与科研机构保持紧密合作。

（3）重视农业科技人才的培养

德国农民职业化素养较高，农业专门人才主要是通过正规大学或大专院校培养，农业从业人员是通过职业培训和进修，并得到国家的资格认证。除了学术性的农业高校为社会输送科技创新人才，应用型的高校则为农业部门输送高素质的职业农民。德国农业职业教育是德国农业人才培养的一大特色。农业实行行业准入制度，要具备相应的学历以及国家颁发的从业资格证书才能从事农业领域的工作。通过有效的教育培训，德国农民具备了专业化、职业化素质，可以称为职业化"现代农民"（钟春艳等，2019）。

（4）构建精准化的社会服务体系

德国以农业合作社为主体的社会化服务模式可以快速、准确、实时地掌握农户真正的需求，从而能够根据农户的实际需求来提供一对一、面对面的精准服务和实时解决方案，能够及时解决农户生产中遇到的各种实际问题。

8.1.5 日本农业科技创新与成果转化的现状与经验

8.1.5.1 日本农业科技创新体系的构成与运行机制

（1）日本农业科技创新体系的构成

日本农业科技创新体系由农业研究机构体系、农业科技教育体系和农业科技推广体系构成。日本农业研究机构体系完整，由国家出资设立（国立）、公共集资建设（公立）、院校自有和农业企业（特殊法人）设立等途径建立组成，其中公立机构占 79%、特殊法人机构占 12%、国立占 9%。2014 年日本就有近 1 000 家从事农业科研的机构组织，在国立的机构中各农业产业部门科研机构分布较为合理，从事农业生产研究的机构有 36 所、林木及其相关行业有 4 所、水产养殖研究有 16 所。日本农业科技教育体系完善。通过分析发现，日本农业科学教育层次分明，阶段性特点显著，总体而言包括三个阶段的专业教育，其中在初中阶段，学生大多以农业实践学习相关的基础农科知识；高中阶段大致可以分为教育方向不同的四大类，即产业经营类农业高中教育、个人家庭类农业高中教育、农业特别专科学校、农业产业技术员教育；大学阶段，农业教育主要是培养专业化的农科人才，培养的深度和层次更适合科技创新的要求。日本农业科技推广体系主要是由农业科普部门和农业科技协会组成，其推广的主要对象是由众多农户组成的农民生产协会。

（2）日本农业科技创新体系的运行机制

日本农业科技创新体系从研发、产出、推广等不同阶段都有一个较为完整的运行机制。日本国立农业科研机构居于主导地位，其科研范围覆盖全国，研究领域广泛，涉及农业的众多产业部门，具有基础性、主导性和公共性等特点，在应用方面，国立科研机构因其科研水平高，先进科学技术成果转化能力较强。日本农业科技推广主要是由农业科普部门和农业科技协会组成，农业科普部门通过分析不同地区的生产气候、水文、地质等条件，结合农业生产中存在的问题，因地制宜开展工作。在活动方式上，推广部门组织国家和各地方科技指导员学习新技术，鼓励农业科技普及人员密切与农民联系，开展农业科技普及教育。另外，国家和地方政府经常组织高级技术人员与地方人员的合作交流，提升各级科技指导人员的自身能力。

8.1.5.2 日本农业科技创新与成果转化的经验

（1）政府主导作用凸显，产学研合作紧密

日本是个人多地少的国家，粮食不能自给，但日本的农业科技以及农业技术推广却达到了相当高的水平。在日本，从中央到地方都建立了健全的农业科研和技术推广组织。在农业科技创新发展过程中，日本各级政府的主导作用明显，主要体现在：一是行政指导突出，机制精简。日本的农业生产、加工和技术创新等各方面均由政府进行督导，集中进行管理，重大的产业政策决定权主要掌握在科学技术厅、农林水产省以及文部省。为了使决策科学，日本还建立健全了相应的咨询机制。二是积极利用创新政策推动技术进步。政府在制定和实施相关的产业政策和规划时，有较长时间的研究和实践过程，确保农业科技成果的应用和推广；采取投融资优惠政策、税收倾向性优惠和政府补贴等方式，促进农业科技的创新。同时，政府推动多种方式的产学研合作，建立企业与大学合作的教育制度，如研究权属保障制度、委托研究制度、人员互派制度等，以完善的政策保障大学与企业合作通畅。

（2）重视对农业科技人才的培养和农技推广人员的教育管理

为培养高素质的农业科技人才，提高农业科技创新能力和科技推广效率，日本已经建立起了大学教育与职业教育、学历教育与继续教育相结合的农业教育体系（段莉，2010），日本《农业改良助长法》规定，各都、道、府、县地方政府都设立一所农业大学。在农技推广人员的教育管理方面，日本建立了较为严格的考试录用、定期培训和量化考核制度。农林水产省为普及指导员开设了普及课，制定了相应的学习目标、学习时间、学习方式，制订了三个能力等级的教育进修规划；制订了量化考核制度，规定推广工作人员必须在一定的时间内完成一定的推广活动，有效地保证了日本的农技推广效率。同时，为了调动农村最基层普及指导员的积极性，日本实施了岗位津贴制度（顾卫兵等，2017）

（3）农业技术推广组织健全，农协扮演重要角色

日本从中央到地方都建立了健全的农业科学技术推广组织，农林水产省下设农业改良普及所负责技术推广工作，并加强对国家、地方、大学和民间的农业科学技术推广的统一计划与领导。日本在农业发展中也摸索出了适合本国农业发展的创新思路并设立了农户决策的"农协"。在日本，农协在农业科技成果转化体系中扮演着重要的角色。在民间组织中，农业协同组合拥有大量的营农技术员和农业改良普及员，承担对市村普及农业新技术的指导教育工作。农协为农户服务，并与农户结成经济利益共同体，各级农协都设有农业技术推广中心，负责新品种、新农技、新农艺的普及推广，并以此构成农协的农业技术推广网络。总之，日本农协在科技成果转化业务中起到强大的推动作用，从各个角度畅通了农业科技成果转化的渠道。

8.2　对吉林省农业科技创新与成果转化的启示

吉林省要率先实现农业现代化，提高农业劳动生产率，一定要把农业的发展转到依靠科学技术的轨道上来，努力促进农业科学技术成果的转化，因此，有必要学习和借鉴国外促进农业科技创新和成果转化的经验与方法。

8.2.1　政府重视，建立完善的农业科技创新体系

美国、荷兰、以色列等农业发达国家对农业科研、教育和推广非常重视，

把促进其发展作为政府的重要职责，都形成了科研、教育、推广"三位一体"的农业科技创新体系。如以色列采取由全国农业科技管理委员会统一管理的科研体制，把农业科技创新提升到国家层面，形成了全国重视农业科技创新的整体局面。德国农业科技创新体系发展较为成熟，主要包括以政府为主导的农业科研机构、学术型和应用型的农业高等院校、农业协会和农业企业。

吉林省应借鉴发达国家农业科技创新体系建设的经验，结合吉林省的实际情况，着眼长远，立足当前，科学规划，合理布局，稳步推进吉林省现代农业科技创新体系建设。在理念上，要把"创新、协调、绿色、开放、共享"五大发展理念贯穿到农业科技工作的各个环节，以新发展理念引领农业科技创新体系建设。在环节上，构建"科研-教育-推广"三位一体的农业科技创新体系，借鉴以色列"全国农业科技管理委员会统一管理的科研体制"，强化政府对农业科技创新的领导作用；"科研-教育-推广"并重，加强科技创新成果研发、转化；调动社会各方面力量，形成开放式农业科技成果推广网络；加强农业科技教育培训，提高农业科技创新成果的应用范围，尤其要加强对农民的培训。在内容上，吉林省农业科技创新体系建设应包括以下内容：①以高等院校、科研机构为依托的农业科技源头创新体系建设；②以农业科技创新龙头企业为主体的农畜产品加工技术创新体系建设；③以农业科技创新示范基地为主要平台的高效种养技术创新体系建设；④以新型农业服务组织为主要支撑的农业科技推广社会化服务体系建设。

8.2.2 构建以市场为导向、企业为主体的农业技术创新体系

发达国家发展的历史表明，企业集成创新创造巨额的经济利润，从而为企业进一步进行技术创新，为国家原始创新的再次投入奠定经济基础。荷兰的农业科技项目立项以市场需求为导向，实行委托式项目管理机制。美国是农业强国，有着完善的农业科技创新体系以及强大的顶尖科技实力，农业科技进步率高达80%。美国企业已成为科技创新的主体，企业的研发投入约占全国研发投入的70%。在农业科技研发上，美国私人企业的投入也很大，各州农业试验站投入经费约19%来自私人企业赠款，并且全美有数百家与农业有关的厂商从事研究工作，涌现了先锋、孟山都、先正达等大型跨国种业集团，一些大的种业公司、农业机械公司、农业化学公司和食品公司大都设有研究中心、实验室或试验站。德国企业的研发活动占整个德国研发活动的2/3，在德国从事研发工作的人员中有64%工作在企业中。

吉林省应借鉴美国和德国的经验，充分发挥市场配置资源的决定性作用，把培育农业科技龙头企业科技意识和创新能力摆在突出位置，强化企业在技术

创新、成果产出与应用、研发投入的主体地位和作用，逐步构建市场导向、企业主体、产学研深度融合、包容发展的农业技术创新体系，提升农业技术创新体系整体效能。

8.2.3　建立完善的农业技术推广和服务体系

发达国家多数都建立了完善的农业技术推广和服务体系。荷兰农业科技推广系统极其完善，包括以政府为主的公益性农业技术推广系统、以各类农业协会为主的社会经济推广系统、以各类私营农场与私营企业为主的农业技术推广系统、以农民合作社为主的农业技术推广系统。这种综合性、多层次的服务体系对于农业技术的推广起到了重要作用。以色列建立了一套由政府部门（农业部等）的科研机构和社区及社会科研机构相结合的科研、开发体系，每个科研机构都定期将研究的成果推广用于农业生产，使这些科研成果很快就转化为现实生产力。在日本，从中央到地方都建立了健全的农业科研和技术推广组织，日本农协在农业科技成果转化体系中扮演着重要的角色。各级农协都设有农业技术推广中心，负责新品种、新农技、新农艺的普及推广，并以此构成农协的农业技术推广网络。德国的社会服务体系非常精准，其以农业合作社为主体的社会化服务模式可以快速、准确、实时地掌握农户真正的需求，从而能够根据农户的实际需求来提供一对一、面对面的精准服务和实时解决方案，能够及时解决农户生产中遇到的各种实际问题。

科学完善的技术推广体系，能够有效推动农业科技成果向生产力的转化。吉林省应以稳定的政策和资金支持为前提，着手于农业技术推广机构的建设和完善，加强推广人员的教育培训，因地制宜地制定推广方案。农技推广部门应当重点依托所在区域大学和研究所的教学资源和人才优势，保障推广人员的专业性和知识更新的及时度。此外，鼓励企业参与或支持，并充分发挥社会组织的纽带作用，加强与农业生产者的直接联系。同时，建立渠道广泛、形式多样的推广体系，推进技术应用和普及，有效解决生产实际问题，稳步促进生产力发展（熊鹏等，2018）。另外，吉林省可发挥农民合作社、科技特派员等新型农业科技服务组织的作用，促进农业科技成果转化和推广。

8.2.4　出台相关法律和制度，推动"政、产、学、研"合作

在科技创新管理中，发达国家的科技法律制度相当完善，一切科技创新活动基本上都是有法律依据的，并且执行力度较大。发达国家完善的科技立法对于规范国家的科技行为，协调政府、企业和科技之间的关系起到了很好的作用（王宏杰，2018）。美国的《莫尔法案》支持建立稳定的农业科技成果转化体

系，还制定了一个完善的制度体系，包括稳定的资金投入机制和专业服务的中介机构等。荷兰则通过法律来确定农业发展的方向，避免出现农业波动，实现农业的可持续、稳定发展，而且在农业科研、教育、推广之间设立联络办公室，使产学研合作紧密。日本政府为推动多种方式的产学研合作，建立了企业与大学合作的教育制度，如研究权属保障制度、委托研究制度、人员互派制度等。

发达国家通过加强政府、企业、高等院校之间的合作，有效地促进了科技创新在经济增长中的作用。产学研的合作需要政府的推动和支持，所以吉林省应借鉴发达国家的经验，因地制宜出台相关的政策和制度，促进"政、产、学、研"合作，从而推动吉林省农业科技的创新和成果转化。

8.2.5　加大农业技术推广人员教育管理，大力培育高素质农民

发达国家农业科技教育培训系统大都比较完善，这一点尤其值得我们学习。农业技术推广事业对农业推广人员的素质要求很高，不仅要求具有深厚的专业知识，而且要有丰富的实践经验，要具备为农民解决实际问题的能力，还要具备市场经济知识，成为"多面手"。荷兰、以色列、德国、日本等国都非常重视对农技推广人员的教育和管理。因此，我们要明确农技推广人员队伍的准入资格，采用严格的考试，还要完善农业推广人员培训体系，强化农业技术人员培训工作的计划性和有效性，探索建立经常性的基层农业技术人员知识更新制度，健全提升基层农业技术推广队伍素质的长效培训机制，做到新知识、新技术、新方法与专业培训、学历提升培训同时进行（刘英杰，2014）。

高素质的农业劳动者是确保先进农业科技成果最终能够转化应用的重要保障。发达农业国家十分注重职业农民培养，大力发展农业教育事业，建立了多层次的农业教育体系，这也是日本、荷兰现代农业发展成功的重要经验之一。荷兰拥有一批高素质农民主要得益于该国农业人才培养与农民教育培训体系。为提高农民的科技素质，以色列成立了专门的农业教育培训机构。在德国，学术性的农业高校主要为社会输送科技创新人才，应用型的高校为农业部门输送高素质的职业农民；德国年轻人必须经过 9 年义务教育，然后经过 3 年的"学徒"生涯才能走上工作岗位，从事农业生产；德国农业职业教育是德国农业人才培养的一大特色。日本政府重视农民素质的提升，制定相关政策和鼓励措施，因地制宜，提高农业从业人员相关知识和应有技术。提高农民素质、培养新型职业农民是一个系统工程，借鉴发达国家的经验，吉林省应成立专门的农业教育培训机构，或者以省内农业院校为依托，加强对农民的培训，努力提高农民的科技素质。

第 9 章
吉林省农业科技创新与成果转化的对策建议

9.1 吉林省涉农高校、科研院所农业科技创新的对策建议

推进农业供给侧结构性改革，要靠科技引领和支撑。农业科技是农业第一生产力，培育农业农村发展新动能，农业科技潜力巨大。农业科技创新是推动我国农业发展的重要支撑，也是实现科技兴农战略的关键环节。近年来，吉林省不断提升农业科技创新主体的创新能力，不断调整农业技术结构、农业生产结构、农业经营结构，进一步加大农业的科技投入和农业科技人才的培养力度，农业科技园区建设取得突破性进展。但是，现阶段，吉林省农业科技创新方向与能力不能适应农业供给侧改革的需要。为继续深化农业供给侧改革、强化创新驱动发展，提高农业科技自主创新能力，针对吉林省涉农高校、科研院所在农业科技创新方面存在的主要问题，本研究提出以下几点建议。

9.1.1 完善农业科研人员激励机制，激发创新潜力

加强农业科技管理工作，注重农业科技创新和成果转化，需要不断完善农业科技创新激励机制。激励机制不完善将导致高校和科研机构农业科研人员农业科技创新意愿不强。根据第六章的结果分析来看，科研激励机制不完善导致依赖于政府的非营利性机构科研人员对于实用性科技成果的研发意愿不足，从而导致成果质量与市场需求不符、科研人员重科研轻转化的现象比较普遍，而研发意愿的不足又会制约农业科技成果的转化。农业科技的发展必须要提高农业科技工作人员的积极性，让农业科技人员能够更加努力地从事农业科技的研发、推广及运用。行为理论认为，需求是人们采取某种行动的动力源泉，需求一旦产生，便会努力寻找满足这种需求的途径，进而产生相应的行为。因此，若要提高农业科技创新水平，就应使农业科技成果转化为科研人员获取利润的必要途径，进而推动农业科技创新主体以市场需求为导向研发农业科技成果。一方面，农业科技创新主体只有实现了农业科技成

果转化才能获得资源;另一方面,要允许农业科技创新主体能够自主利用已转化的农业科技成果获取经济收益。只要做到这两个方面,才会激励农业科技人员进行科技创新的动力。

现阶段,高等院校和科研机构在获取资源上更多依赖于政府,农业科技创新在一定程度上体现了政府的政策取向。而政府为了保证农业科技成果的公益性目标和实现农业科技成果的效益目标,也倾向于对农业科技创新主体进行干预。吉林省应不断加强农业科技管理,建立以成果转化为导向的农业科技创新激励机制,做好以下几方面工作:

一是建立公平合理的评估和奖惩机制。基础性研究成果的评估标准不应仅以论文的下载数量、引用数量为主,还要评价其理论指导效应;应用和开发性研究成果的评估标准应以成果是否满足了采纳主体的需求、成果在多大程度上实现了产业化为主。研究成果的评估和奖惩要充分考虑项目的创新因素。

二是明确成果转化的资源分配制度。对于公益性较强的成果,需要政府的资源支持;对于能够市场化的成果,坚持以社会投入为主。

三是鼓励创新的利益分配制度。吉林省农业类高等院校和科研院所必须从实际出发,按照自身的不同情况,创新激励机制,改进激励办法。比如:在保留本单位薪资的基础上,鼓励科研人员利用自己的知识和技术创办自己的公司,利用自己研发的科技成果获利,并允许农业高校学生进入公司实习;允许科研人员在不影响本职工作的前提下前往相关科研企业兼职,通过知识流动的形式,促进"产学研用创"相结合,通过考核科研成果贡献份额,享受相应的薪资待遇等。

近几年,国家已出台相关政策,将科研成果转化所得的70%归科研团队所有,而且要求在科研人员的考核评价中,提出了破除唯论文、唯帽子等规定,建议吉林省的农业高等院校、科研院所严格执行国家的相关政策,并结合本单位实际情况进行完善和落实。相信这些机制和措施的完善,一定能够调动农业研发人员的积极性,促进吉林省农业科技研发和成果转化。

9.1.2 加强农业科技项目立项与结项管理,保证研发质量

目前,吉林省农业科技项目的选题方式主要是政府定题和农业科研主体选题,之后由政府审查,但从投放到市场上的效果来看并不理想。吉林省应建立科学的项目选题和立项制度。科研项目选题要立足于吉林省农业生产实际需求,考虑各市州地形、气候条件,考虑研制出的农业科技成果使用价值和推广应用前景,要切实保证项目选题与市场需求相符;建立项目论证制度,加强项

目研发监管和问责机制，保证农业科技创新成果的质量和实效。政府应积极实施以成果转化为导向的激励机制，充分调动各部门积极性，做好农业科技成果的预选工作，深入挖掘高质量的项目进行研发。对于成果研发成绩优异的部门，可以在项目限额上适当地放宽申报数量。在项目研发过程中，政府要充分发挥监督、管理职能。省市科技管理部门或农业部门要派出 1～2 名人员进行监督，承担单位至少要派出 1 名专家成员直接参与管理，确保项目研发的每一个阶段都万无一失，避免资源的浪费和风险的产生。多数省级项目在立项评审过程比较严格，而结项环节比较宽松，今后在项目结项过程中，一定要加强管理。像立项过程一样，结项时也要进行项目答辩，重点考察研究成果的创新性和有效性，从而保证研发成果的质量。

9.1.3　加大投入力度，构建多元化农业科研投入体系

纵观一些发达国家，农业科研以政府投入为主，而且资金来源多元化。以色列政府每年农业科研专项经费达上亿美元，占农业产值的 3％，而且，其农业科研资金管理向基金化管理方向发展。以色列企业对技术创新与研发的投入力度也很大。在农业科技创新发展过程中，日本各级政府的主导作用明显。日本国立、公立农研机构占主导地位，国立机构由国家出资建设，公立机构由公共集资建设，其中日本农研机构是日本中央一级最大的科研机构。日本农研机构以国家的 5 年计划资金作为主要的经费支持进行运转，每年的经费预算是911 亿日元（折合人民币约 60 亿元），下一步机构改革的趋势是更多地从民间吸引科研资金支持。美国企业已成为科技创新的主体，企业的研发投入约占全国研发投入的 70％。

吉林省农业科研投入的资金以政府财政资金为主，政府农业财政资金相对较少，农业科研投入不足。吉林省应借鉴各国科技创新投入经验，政府继续加大对农业科研的投入，同时鼓励私人企业加入农业科研，积极开发社会资源，通过政府资金优先投入引导，开拓投融资渠道，撬动社会资本和民营资本共同投资农业科技创新，建立"政府主导、企业主体、多方参与"的多元化农业科研投入体系。

9.2　吉林省农产品加工企业技术创新的对策建议

技术和制度都是实现经济增长的重要创新要素，技术创新与制度创新相互依存、相互推动，共同构成促进经济增长的动力源泉。就吉林省农产品加工企业的调研情况来看，可从以下几方面入手来推动农产品加工企业技术

创新。

9.2.1　从政府层面驱动农产品加工企业技术创新

9.2.1.1　完善政府支持政策，驱动农产品加工企业技术创新

有研究指出，对于驱动企业技术创新而言，目前政府支持政策主要包括直接补助、税收优惠以及信贷支持，对吉林省农产品加工企业技术创新的支持也不例外。吉林省农产品加工企业的创新水平，目前处于由投资驱动向创新驱动的发展阶段，政府的创新引领作用不容忽视。大部分农产品加工企业的创新思维和能力不足，政府可以加大对企业技术创新方面的财政资金支持。对于农产品加工企业的创新资金支持要有针对性，既包括对技术创新的支持，也包括对企业管理创新和商业模式创新的财政支持。农产品加工企业在实施创新驱动发展战略过程中，吉林省农产品加工企业的政策来源应当是吉林省政府根据各地市既有资源优势和条件，制定既符合当地特征又富有针对性的政策，引导企业建立具有差异化和核心竞争力的创新市场氛围。在以上工作做好的情况下，吉林省还应提升农产品加工产业战略发展政策的前瞻性，通过财政扶持、普惠性政策引导、税收优惠以及信贷等措施超前谋划农产品加工产业发展，引导企业积极拓展具有比较优势和未来发展前景的新兴产业。

一是健全财政补贴政策。财政补贴是政府对企业技术创新进行资金支持较为直接的形式，在企业发展的过程中，政府会通过现金等形式，为企业提供大额的资金支持，由于没有较为明确的法律法规和制度的约束，其表现特征也有着一定的随意性。在吉林省现有经济体制下，需要进一步优化财政补贴资金的分配制度，尤其是对配给企业进行技术创新的财政资金的考评机制设计，应当建立起科学合理的、公开透明的评估体系。在财政补贴的分配上，并不是越多越好，驱动技术创新是"精品工程"而非"加量堆砌工程"，应当合理判断，补贴的资金是帮助企业"做大"还是"做强"，并且施以补贴的后续阶段也应当加强考核监察，以防企业"骗补"产生道德风险继而增加挤出效应。

二是完善企业税收优惠政策。税收优惠政策与财政补贴有着本质上的区别，简单来说，税收优惠是通过对企业纳税人税收负担的不断降低，来提高企业经营过程中可支配资金数额。税收优惠政策一般分为三种，即税基优惠、税率优惠以及税额优惠。在新税制改革颁布后，尽管各级政府拥有税收优惠的决定权有所减少，但仍对部分特殊项目提供税收优惠支持。

税收优惠的普惠性需要优化减税的制度设计，建议对吉林省农产品加工企业及其战略性产业给予更大力度的支持：一方面，减轻农产品加工企业的经营资本负担，提升其经营积极性，通过税赋的调节缓解农产品加工企业在外源融

资上的弱势，从而为技术创新的自有资本金提供保障；另一方面，完善针对创新环节的税收减免设计，进一步提高对"三新"费用的加计扣除比例，同时要在创新成果转化的过渡环节提供配套的优惠政策。

三是增加企业信贷规模。加大信贷支持力度，采取差异利率优惠措施，简化企业信贷审批环节，提高信贷支持科技创新力度。政府可以针对不同级别的企业推出不同的贷款利率优惠，从而能够给企业带来更多的资金利用空间和贷款金额，也能吸引更多的贷款业务。这将会给大企业充足的资金利用度，也会减少企业的还款压力。吉林省农产品加工企业众多，而且层次结构分散，信贷情况较为复杂，政府应当因地制宜，成立专职专责的农产品加工企业信贷服务部门，针对农产品加工企业信贷申请设置特殊通道快速办理，由专人专职负责，提高信贷审批速度，进一步压缩审批时间，提升对农产品加工企业信贷的服务质量和水平。同时，也可利用目前发达的互联网技术，采用"互联网＋金融"的模式，推出移动网络银行信贷申请快捷服务，将信贷申请审批业务与互联网进行结合，使吉林省农产品加工企业可以足不出户就能进行贷款申请审批。

政策制定部门和企业管理层应当高度重视，强化政策聚焦，提高运行实效。政策制定部门应聚焦于农产品加工企业技术创新的政策需求，及时在合适的时候出台有针对性的鼓励类、支持类或限制类的政策措施，目的是引导农产品加工企业有效管控技术创新发展，使创新成果符合区域总体经济利益、人民群众需要和生态环境要求。

9.2.1.2　完善知识产权制度，驱动农产品加工企业技术创新

政府部门要建立严格的知识产权保护制度，保护企业技术创新成果，激励企业创新的积极性。以国家当前的知识产权保护制度为基础，结合吉林省农产品加工企业发展现状，完善知识产权的相关法律法规。加大对剽窃知识产权成果的打击力度，完善商业秘密保护法律制度和知识产权审判工作机制，积极发挥知识产权法院的作用。健全知识产权侵权查处机制，健全知识产权维权援助体系，将侵权行为信息纳入商家信用记录。

知识产权保护既包括专利商标版权等多种类型的知识产权，又涉及审查授权、行政执法、司法裁判、仲裁调解以及行业自律等多个环节，各类型、各环节之间相互独立，很难适用单一保护模式或手段。实践中当事人通常是选择其中一种或几种来解决争议与纠纷，这样注定知识产权保护需要奏响"协奏曲"。建议在发挥司法保护主导作用的同时，充分发挥行政保护的快捷性、便利性优势，形成司法保护和行政保护双轮驱动，司法裁判、行政执法、仲裁调解、行业自律和社会监督等紧密对接、协调共存的多元纠纷解决机制。市场监督管理

局、知识产权局、版权局、人民法院等部门按照职责分工，并与其他部门实现信息交换共享，强化对知识产权侵权失信行为的联合惩戒。

9.2.2 从企业层面驱动农产品加工企业技术创新

9.2.2.1 增强企业家创新精神，驱动农产品加工企业技术创新

熊彼特指出，创新是企业家精神的灵魂，企业家在企业技术创新中发挥着核心作用。企业家是企业创新的决策者和主导者，企业家的首创精神和创新意识至关重要。但是当前来看，大部分企业家存在着创新精神不足、对技术创新的重视程度不高以及创新能力不强的问题。所以，应该增强企业家的创新精神，使企业主要领导应首先提高自身的创新意识，重视创新，并在企业内部引领创新思潮。企业通过培养企业家的创新精神，树立企业创新文化，构建完善的创新管理体系，培育企业创新人才。对于缺乏创新精神的大部分中小型企业主来说，应该主动学习企业创新知识及行业相关理论和管理知识，提高自己的管理水平和创新素养。对于大型私企和国有企业来说，应该积极主动参与高层次的企业家论坛等对话机制及企业管理咨询，增强企业家的创新意识和能力，保持对当前市场变化的高度敏锐性，探寻企业技术创新发展的方法和路径。

多元而包容的创新文化有利于提升公司技术创新能力，创新文化为理论创新、制度创新和科技创新等提供适宜的环境和土壤。农产品加工业的企业家要注重在企业内部宣传创新意识，增强自身创新意识，也有利于增强其归属感和责任感。农产品加工业在生产和管理的各个环节还应重视对员工创新意识的培养和创新行为的激励，对于落后的思想、技术和产品要及时淘汰，跟上行业和时代发展的步伐，争做行业内领先；要紧跟市场和科技发展，要具备互联网和大数据的思维和能力，以科技发展为依托，营造企业内部先进的创新文化氛围。

9.2.2.2 培养创新型人才，驱动农产品加工企业技术创新

吉林省农产品加工企业自身要积极利用技术创新战略，尤其是要加强对技术创新人才的培养，带动企业完善各个阶段的技术创新要素，搭起广阔和扎实的科技创新平台，壮大科技人才队伍，整体加强科技创新水平和科技运用能力。通过充分应用新技术、新设备、新工艺促进产业升级，人才管理、自主创新相结合，突出形成以技术核心、品牌构造、质量服务为基础的新优势。

人才是企业管理中的最重要的要素，技术创新人才更是一个企业不可或缺的力量。吉林省的农产品加工企业应该为优秀的技术创新人才提供广阔的发展空间和展示空间，通过更好的政策、更高的薪资、更稳定的环境，实现事业留

人、待遇留人、感情留人，最大限度地留住技术创新人才。同时，坚持企业创新驱动理论学习不松懈，在学习、教育、培训的途径和方式上积极创新，建立符合农产品加工企业实际的创新驱动学习机制，进一步提高农产品加工企业技术创新队伍的创新理论素质和业务水平，打造创新型学习组织的氛围和环境，培养更多、更优秀的企业技术创新人才。

9.2.2.3　加大资金投入力度，驱动农产品加工企业技术创新

农产品加工企业为满足技术创新所需投入资金对技术创新效果至关重要。只有在资金雄厚的农产品加工企业，才能有足够的空间向企业本身想要创新的方向发展，并且只有在资金充足的条件下，农产品加工企业才能承受得了技术创新过程中所带来的巨大风险。农产品加工企业的现金流、融资渠道以及现有资金运用能力是企业在创新中需要着重关注的重点内容。

农产品加工企业应该加大技术创新经费的投入，以自有资金投入为基础，以财政拨款和银行贷款作补充，根据年销售收入情况逐渐加大对技术创新的资金投入强度。还要在企业内部建立起长效的创新管理部门以专门研究企业各项创新活动，包括技术创新、管理创新和商业模式创新。中小企业当前重要的创新方向集中于技术创新和管理创新，而大型龙头企业应探索管理创新和商业模式创新。而且，为了实现企业目标，企业研发资金应该有重点有针对性地进行投入，不只是局限于技术创新。

9.2.3　从社会层面驱动农产品加工企业技术创新

9.2.3.1　完善"政产学研"合作机制，驱动农产品加工企业技术创新

对于农产品加工企业或行业的关键核心技术、市场导向明确的科技项目，应该由企业牵头、政府引导、联合高等学校和科研院所进行联合攻关，鼓励构建以企业为主导、产学研合作的产业技术创新联盟。

（1）政府搭建农产品加工企业集群创新平台

政府能整合宏观资源、制定政策、优化创新体系，在以企业为主体的产学研协同创新中发挥着重要的领导和协调作用。一方面，政府推动了各类科技园区体系和科技政策体系的建立，为产学研协同创新提供了平台、资金和政策等支持；另一方面，政府政策促进了产业集聚，引导社会多种资源与企业的技术创新相结合，推动了产学研协同创新。为了发挥吉林省加工产业集群的优势，整合诸多中小企业创新资源，实现1+1>2的效益，政府可以牵头组织建立高新技术产业园区或者高科技园区，整合一定地域内的人才、资金、信息、技术等要素，形成合力，实现自主协作创新。应发挥吉林省农产品加工业龙头企业的带头作用，开展龙头企业和高校合作的协同创新试点，探索企业技术创新、

管理创新、商业模式创新的发展新机制。

（2）企业建立并完善以企业为主体的产学研合作创新机制

企业围绕技术创新需求，难以依靠自身的力量完成时，可利用高校的科研力量，通过校企合作，加强企业管理和技术人才与高校和科研单位的交流合作。通过建立校企合作实验室和合作项目等共谋创新发展，通过合作提高企业的科研水平和人才素质。

（3）高校和科研院所应深度参与产学研合作创新机制

高等教育兼具人才培养、科学研究、社会服务和文化传承的社会职能，大学作为国家创新体系的重要组成部分，是基础研究的主力军和技术创新的重要方面军。高校培养人才的目标也是面向社会需求的，通过产学研合作机制，把在校学生的创新潜力发掘出来，既培养了面向社会的高素质人才，也为创新注入了新的活力，提高了社会生产效率。

在产学研协同创新联盟建设过程中，联盟体内高校以及科研院所成员应从时代和社会发展的实践要求出发，依托联盟，把知识转化为社会生产力，把科技转化为创新成果。

9.2.3.2　完善社会化服务体系，驱动农产品加工企业技术创新

整合创新要素，优化资源配置，促进经济发展。以下从企业融资、信息交流、人才培养和法律制度建设等方面完善企业技术创新的社会化服务体系。

（1）构建多层次的技术创新投融资平台

在技术创新发展过程中，企业严重受制于资金短缺，仅仅依靠国家财政和企业自身的力量还远远不够，要充分依靠市场，尤其是依靠多层次的资本市场，盘活创新的资本要素。通过引导建立多元化的企业投融资服务机构，对接农产品加工业的资本要素供给和需求，运用资本的力量增强企业创新能力。资本市场越完善，企业创新的可能性越大，资本回报的报酬越高，资本收益反过来再资助技术创新，形成创新企业与资本市场的良性循环。

（2）构建科技信息流通和监管平台

以多层次的政府社会化服务中心为载体，建立线上线下技术信息流通和监管平台，力求对整个服务体系的建设起到统筹、指导、协调作用。如建立网上商家 App 平台和行业协会组织等，可以作为农产品加工行业上下游企业之间、不同生产者之间、生产者与消费者之间以及企业与政府之间的信息沟通桥梁，顺畅整个产业链条的科技创新信息沟通，提高创新资源的配置效率。如此，还可以增加企业生产的透明度以及政府对企业监管的透明度。关于此点建议，可以考虑结合最新的区块链技术，实现农产品加工行业的数据与资源共享。

9.3　吉林省农业科技园区技术创新的对策建议

9.3.1　加大创新人才与研发经费投入，提高园区技术创新水平

通过了解吉林省各国家级农业科技园区的分布区域后发现，部分园区由于核心区远离市区，基础设施建设比较薄弱，生活配套设施短缺，难以吸引大专院校、科研单位以及高科技人才来园区创业兴业，致使科技人才严重不足。因此，一方面，农业科技园区应该加强组织领导，优化服务环境，大力吸引人才。在用好现有国家、省的园区发展政策基础上，进一步完善园区的管理体制，优化服务环境，强化制度建设，并积极与政府进行沟通，制定人才引进政策，搭建育才引才用才平台，对接当地高校，定期到高校招聘人才，例如寒暑假实习人员招聘，并与高校签署联合培养计划。在引进人才的同时还要防止人才流失，设立专项人才资金库，提高创新技术人才待遇，对从事一线技术研发的人才提供生活补贴，为其提供舒适的科研、学习、工作乃至生活环境。同时按照"不求所有，但求所用"的原则，认真做好人才资源的培养、引进、储备和使用工作，促进创新型人才脱颖而出。另一方面，当地政府应当制定相关优惠政策，加大对园区的科技研发支持力度。在科技特派员方面，要完善科技特派员考核管理制度，充分发挥科技特派员的作用，设立科技特派员专项资金，调动科技特派员入驻园区的积极性，在研发经费方面，应当对园区建立了研发准备金的企业给予研发投入财政补助，尤其对园区内中小微企业的研发活动进行倾斜支持。在政府积极支持的情况下，园区自身也应当抓住现有重点项目，广泛吸纳外来资本和民间资本，吸引企业进入园区创业，通过招商引资的方式加大社会与企业对园区的资金支持。

9.3.2　吸引大规模企业入驻园区，发挥企业创新主体作用

一是围绕主导产业，发挥特色产业价值，通过产业项目引进与开发，吸引大规模企业落户园区。二是提高产业集聚度，延伸产业链。积极引进和培育关联性大、带动性强的大企业，发挥其辐射、示范、信息扩散和销售网络的产业龙头作用，以龙头企业为载体，通过其带动效应，逐步衍生并吸引更多的相关企业集聚，从而带动主导产业集聚。同时，加大科技投入，延伸农业产业链，发展农产品加工业特别是精深加工，推进一二三产业深度融合，从而优化产业结构，提高农民收入。三是积极推进企业创新主体作用。按照"政府搭台、企业唱戏"和"谁投资、谁建设、谁受益"的原则，完善投资机制，多渠道筹集资金，培育一批研发投入大、技术水平高、综合效益好、带动能力强的农业创

新型企业。同时可以采取选择园区部分企业，指导企业制定科技发展规划，从产品研发、知识产权保护、成果转化、研发中心建设、人才培养、科技项目争取等多方面为企业提供服务的方式，促进企业加快发展，壮大龙头企业队伍。

9.3.3 完善创新平台建设，发挥创新支撑作用

一是高度重视聚集各类科教资源，推进"政产学研用创"紧密结合，逐步完善和鼓励园区内各类研发机构建设，积极与大专院校、科研院所建立科技合作关系、签订合作协议，大力开展技术引进、技术指导、技术培训、技术咨询，以及与生产单位合作建立示范基地、试验点等工作，不断健全新型农业科技服务体系，以人才引进、利用市场引导机制等有吸引力的具体运行机制，促进园区的快速健康发展。二是不仅支持和鼓励园区内的各类企业，做好与科研院所的对接与合作，共同申请省级以上重点实验室或工程技术研究中心等科研平台，而且要改善园区科技资源的利用，鼓励各级科技企业建立设备装备共享的畅通机制，并充分利用现有的各种网络资源，建立属于农业科技园区的大数据库，从不同的角度统一设立不同的指标，并将相应的指标值按年份输入到数据库平台，实现数据共享，依托这些平台有效开展现代农业技术研发，为园区科学技术条件所需的研发设备提供保证，并不断提高园区研发设备和农产品的科技含量。三是加强园区技术创新体系建设。通过后补助政策鼓励和支持有实力的企业开展产学研合作，联合创建国家或省级重点实验室，建立开放式的硕士、博士流动工作站和院士工作站，不断推进源头创新，为全面提升农业科技园区的国际竞争力源源不断地提供技术支撑。邀请相关专家对企业进行专题培训和指导，努力培育科技创新型和高新技术企业。四是努力提升科技成果推广应用水平，加强技术集成、示范和推广。在农业新技术、新品种等推广方面，因为农业推广体系与农业科技园区所具备相同功能，所以，应使二者更好地进行结合，使其具备的人员及技术能力相关资源得以充分合理的利用。

9.3.4 推进投资主体多元化，加强园区创新资金保障作用

一是打造多元化投融资体系。建立以政府投入为导向、企业投入为主体、社会力量积极参与的建设投入机制。充分发挥专业合作社、种养大户、家庭农场、农业龙头企业等现代农业经营主体的作用，积极引导工商资本和其他社会资本投资园区建设。二是积极筹建园区投资管理公司，采用政府财政资金、金融单位融资和吸引社会资金等方式筹集资金，通过企业化运作方式，自主经营、自负盈亏。三是推进园区农村金融服务和产品创新，支持农村承包土地的经营权抵押贷款、农民住房财产权抵押贷款等农村金融产品创新。四是采取

"走出去＋请进来"招商模式。鼓励园区到发达城市走访企业、推介园区，学习建设经验。同时，"多批次、小规模"邀请企业、协会、机构等来园区考察，制定招商专案，提高招商引资工作的针对性和实效性。

9.3.5 加强技术培训和指导，发挥园区示范带动作用

一是开展技术培训。农业科技园区应根据企业、协会及农民对技术的需求，采取"专家＋龙头企业＋农民"和"专家＋农技推广机构＋农民"两种主要模式开展技术培训工作。采取多种形式来开展技术培训，如组织专家讲座，开展以人参、葡萄、林蛙养殖等技术培训班，发放科技资料书籍。通过培训来提高农民的科学技术水平，为产业发展提供技术支持。二是开展技术指导。农业科技园区应组织农科、特产、畜牧等专业人员，深入到农户的田间地头，对人参、五味子、葡萄等的种苗繁育和栽培进行现场指导。通过加强技术培训和指导，强化科技支撑，促进农业科技成果转化，发挥示范带动作用。

9.4 促进吉林省农业科技成果转化及推广的对策建议

近几年，吉林省通过各级政府的支持，农业科技成果转化基础设施已基本建成，农业科技成果转化效果显著，为促进吉林省现代农业的发展发挥了很大作用。当然，在农业科技成果转化过程中也凸显出一些问题。为探索吉林省农业科技成果转化的关键制约因素，前文已通过问卷调查和统计分析方法，对吉林省农业科技成果转化的制约因素进行了实证分析。根据前文实证分析结果，本研究提取了7个一级因子，其中对吉林省农业科技成果转化影响程度较大的一级因子为研发主体及成果因素、政策规制和转化渠道因素、资金层面因素；影响程度一般的一级因子为推广主体因素、市场层面因素，影响程度最低的一级因子为以农民为主的采纳主体因素。从具体制约因素来看，对吉林省农业科技成果转化影响较大的前10位因素为科研立项与市场需求脱节、成果质量与市场需求不符、科技激励机制不完善、资金投入量不足、转化合作机制不完善、转化的中间渠道不畅通、融资渠道匮乏、农技推广人员专业素质低、资金投入结构不合理、科研人员重科研轻转化，排在末位的影响因素为农民文化水平相对较低、农民经营规模较小。根据上述分析结论，提出促进吉林省农业科技成果转化的对策建议。

9.4.1 以市场需求为导向，完善"产学研"一体化合作机制

根据第六章的实证分析结果，科研立项与市场需求脱节、转化合作机制不

完善是吉林省农业科技成果转化的主要影响因素。为了避免农业科研成果与农业企业、农户实际需求不对等的情况，建议构建并完善农业科技产学研一体化合作机制。针对农业企业、农户实际生产需要，由农业企业和农户提出技术需求，由农业高等院校、农业科研院所的专家学者进行农业科技的研发。一方面可以避免研发成果资源浪费，另一方面又能够切实提高农业企业和农户的使用效率，进而提高科技成果转化水平。产学研一体化合作机制的构建，实际上是因地制宜，坚持从实际出发，有效针对不同地区的不同特点进行科技攻关，能够有效解决农业企业、农户实际所遇到的问题，切实提高科技研发效率。

9.4.2 拓宽渠道，建立多元化成果转化融资体系

根据第六章的实证分析结果，资金投入量不足、融资渠道匮乏等是吉林省农业科技成果转化的重要影响因素。吉林省首先要建立起多元化的融资体系，解决农业科技成果资金投入对政府依赖性过强的问题。吉林省政府可以效仿山东省政府建立的关于农业科技成果转化的融资模式，建立一个以单位自筹为主、政府投入为辅，以金融贷款和外资注入相结合的多渠道、多层次的融资体系。在资金支持与保障方面，优化现有财政资金支持渠道和方式，发挥好其作用，包括调整现有政府项目资助、强化信贷资金支持等，同时更加鼓励工商资本大力参与农业科技成果转化，鼓励成立市场化运作、可自由流动的科技成果转化基金，逐步形成靠市场发挥基础性与决定性调节作用的多元化农业科技成果转化投融资体系。在金融贷款方面，政府应该加强与金融机构的合作，在土地确权的基础上，金融机构应放低农户的贷款条件、增加农户的贷款额度、降低农户的贷款利息，对农户应用新技术的小额贷款也应给予足够的重视和支持。

9.4.3 规范成果交易市场，建立畅通的农业科技成果转化渠道

转化的中间渠道不畅通是吉林省农业科技成果转化的主要制约因素之一。首先，构建全省统一的农业科技成果转化信息平台。构建搭好科技成果产出与市场应用的桥梁和平台，缩小成果产出信息与市场需求信息的鸿沟，为不同主体转化科技成果、不同受体承接成果转化提供信息支持与市场服务，提高效率，减少盲目性和重复性工作。其次，科技成果研究主体与农业生产主体要建立长期稳定的合作关系。从"研发-应用-市场"的传统模式向"市场-研究-应用"的新模式转变，从而避免了传统模式存在的各种弊端（张中熙，2016）。最后，明确农业科技成果转化中主体双方的权利和责任。农业科技成果交易双方依据经过协商的合同条文，洽谈科研资金合约并商谈交易价格等事宜；交易

双方依据商定协议确定是否拥有实际经营权、所有权或决策权并进行份额归属分配。

9.4.4 采用现代通信手段，构建多元化农业科技信息传输体系

针对农业科技成果转化与技术推广媒介不足问题，应在传统信息传播媒介的基础上，进一步加强农业科技信息服务体系建设，以"12316""12396"科技信息服务平台为重点，构建多元化农业科技信息传输体系和综合科技服务平台。在语音、短信服务的基础上，开展 12396 微信服务，在大型涉农企业、农村集贸市场和居民聚集区等场所建立 12396 触摸屏，开发"吉林 12396"手机 App 客户端，拓宽农村社会化科技服务新领域。构建传统服务方式与现代服务方式相融合、远程服务方式与现场服务方式相结合的农业科技服务体系建设，提高农业科技信息服务质量和效率。同时，组织涉农科研院所、大专院校开展农民实用技术培训活动，通过组织各类培训班、现场指导、科技赶集、远程培训等多种手段，分层次、分专业有针对性地开展科技培训工作，提高农民科技文化素质，增强其承接应用科学技术能力。

9.4.5 强化农民合作社作用，促进现代农业技术推广

通过前文分析可知，影响农民合作社采用现代农业技术的主要因素为外部环境因素和农民合作社自身因素，因此，下文将从这两个方面提出促进农民合作社采用现代农业技术的对策建议。

9.4.5.1 完善外部宏观环境

（1）完善政策支持

结合农民合作社采用现代农业技术的情况来看，完善补贴支持政策对于合作社采用现代农业技术具有很强的促进作用。小型水利排灌抗旱设施建设，要重点向合作社倾斜，鼓励有实力的合作社成为小型水利设施建设与管护主体，成为国家农业排灌抗旱水利设施建设的承接主体，同时明晰国家和省投入建设的小型水利排灌抗旱设施产权，建立合作社农业用水精准补贴机制和节水奖励机制。鼓励合作社合建或与村集体经济组织共建仓储烘干、晾晒场、储藏冷库、机具维修中心、农机库棚、畜禽粪便集中处理利用、有机肥生产、农产品初加工等农业设施，提高农业设施使用效率。对合作社发展农产品初加工、粮食等农产品烘干、农产品冷库、大棚温室加温、有机肥发酵、大型沼气加温、食用菌生产等用电执行农业生产电价。全面提高合作社在农机作业、农机维修保养、无人机防治病虫害作业等方面的补贴力度。完善良种的种苗统繁统制统供、病虫害统防统治，测土配方施肥、畜禽粪便集中处理利用等农业生产性服

务活动的使用奖补。建立合作社"三品一标"补贴政策，鼓励合作社适应消费需求提升的需要，积极采用现代农业技术，以"三品一标"的标准生产农产品，使农民合作社生产的农产品实现"三品一标"化。

（2）加强技术培训和指导

技术培训和外部指导对合作社采用现代农业技术行为有很强的促进作用，应加强农业技术推广力度，保障技术有效供给。一方面，要加强技术培训。建立省、市、县、乡联动的技术培训体系，省里选择一批规模大、带动能力强的合作社依靠高校开展先进技术培训和先进成果展示；市、县选择本县市发展规模较好的合作社开展跨县技术交流；乡镇广泛开展实用技术培训，争取培训范围覆盖到所有合作社。另一方面，要加强技术指导。建立合作社技术发展指导专家委员会，为合作社运用现代农业技术建立起强有力的咨询服务系统，着力解决合作社信息、政策、市场、技术不通畅的问题。强化合作社与农业技术推广部门和科研院所的对接，建立有偿服务机制，激发广大科技人员参与到合作社的现代农业技术应用中，用市场化的思维解决现代农业技术服务不到位问题。

（3）加快金融服务改革

资金困境是农民合作社发展中普遍遇到的难题，尤其是在现代机械技术的采用上，购置先进机械时面临资金需求往往很大，在一定程度上制约着合作社对现代机械技术的采用。农民合作社采用现代农业技术需要大量的资金支持，目前合作社信贷资金缺少抵押物、民间资本借贷利息高且无序、政策性资金支持乏力等问题依然突出，要建立起有效的金融支持体系必须突破体制机制障碍，突破传统思维方式的束缚，突破金融支持"三农"固有模式的制约。建议国家应该进一步明确金融改革方向和加大推进力度，一是增加改革力度，打破不适宜农村金融发展的体制机制，建立起有利于合作社融资的新体制和机制；二是摆脱传统融资模式的制约，建立稳定高效的融资门槛低、融资速度快、融资期限灵活的新融资方式；三是全面规范民间借贷等农村各种融资模式，降低金融风险，从而全面解决合作社采用现代农业技术时的巨大资金需求。

9.4.5.2 加强农民合作社自身建设

（1）加强农民合作社人才队伍建设

理事长文化程度、社会任职情况，技术人才保障、管理人才保障都显著影响着合作社对现代农业技术的采用。从以上因素来看，归根结底是人才的保障，需要加强育人引智。人是所有事业成败的关键。强化对现有理事长进行系统培训，核心是让他们懂经营、会管理、通技术，以培训实操能力为核心；鼓励村干部领办创办合作社，利用村干部的信息面广、先进技术接受能力强等优势，不断壮大集体经济，带动村民致富；建立合作社职业经理人制度，选择有志向的大学毕业生、返乡创业者、城市回转农村创业者，经过系统的培训，形成新一轮的"智力上山下乡"潮流，从根本上解决合作社经营管理技术人才紧缺的问题。

（2）加快农民合作社规范发展

从合作社社员数量与技术采用行为关联性不强的结论分析得出，农民合作社发展中存在假合作、合作不紧密等诸多不规范问题，影响着合作社对现代农业技术决策的制定。因此，要加快推进合作社规范提升行动，鼓励合作社从统一购买生产资料，分户生产、管理和销售的合作模式中走出来，走向真正的用实物或资金、用耕地入股，形成紧密型合作关系，走风险共担、利益共享之路。只有走向深层的合作，才能真正不断壮大实力，有实力采用现代农业技术，用现代物质技术装备自身，提高生产效率，降低生产成本，拉长产业链，提高农业整体竞争力，实现农业现代化。

9.4.6　完善科技特派员制度，促进现代农业技术推广

乡村振兴科技引领，为更好地发挥科技特派员在农业科技推广中的重要作用，助力吉林省乡村振兴战略成功实施，有效解决吉林省科技特派员工作中存在的问题，应从以下几方面入手。

（1）进一步提高对科技特派员作用的认识

科技特派员制度发端于福建，是习近平总书记在福建工作时，深入总结基层经验、科学深化提升、大力倡导推动的一项十分重要的农村工作机制创新。作为开展农村科技服务、农村创新创业工作的生力军，科技特派员这一"利器"，为打好打赢科技助力乡村振兴战役发挥了重要的作用。吉林省相关部门要重视科技特派员引领带动能力，发挥创新创业引导和辐射作用。科技特派员也要真正地扑下身子，沉下心来，深入乡村一线，投身乡村振兴的主战场，瞄准农民实际需求，开展形式多样的科技帮扶活动，"做给农民看、领着农民干、带着农民赚"，让农民群众确实看到并尝到依靠科技致富的甜头，坚定农民群众依靠科技实现致富的决心。

（2）进一步拓宽选任渠道，发展壮大科技特派员队伍

要根据实施乡村振兴战略的总要求，围绕产业兴旺、科技创新这条主线，加大力度建设好科技特派员队伍。打破行业、地域、身份等限制，不拘一格选任科技特派员，实现创业和技术服务领域覆盖一、二、三产业，促进一二三产业深度融合。构建科技特派员全方位、全产业链服务的新格局，使科技特派员的"触角"伸向省内四面八方。各级科技管理部门应积极争取地方政府支持，

加大对科技特派员队伍建设的支持力度，提升科技特派员队伍深入一线开展科技服务的配套保障能力。

（3）进一步加大支持力度，加强科技特派员创业链条的培养和建设

以推进全省地方优势产业发展为目标，围绕产业链，部署创新链，建立起优质的科技特派员技术服务团队。对吉林省中部玉米、水稻、大豆等大宗农作物主产区，应组织省、市农科院以法人科技特派员的形式深入各县（市），把优良作物品种、高产栽培技术、病虫害防治技术、田间护理技术等进行组装配套，集成推广示范；对西部县（市）以发展精品畜牧业为重点，应选派肉牛、肉羊、奶牛养殖方面的科技特派员，在各养殖重点县（市）建立科技特派员工作站，示范规范化养殖技术，加快优良品种推广速度；对东部长白山区，应以特种经济动植物和特产资源的加工利用为重点，选派人参、五味子、食用菌、毛皮动物等方面的科技特派员建立优质服务团队。

要加强法人科技特派员和科技特派员创业链条的培养和建设工作，在项目上重点支持自身领办、创办企业的法人科技特派员自主开发、与技术协作单位合作经营、引领和带动农民增收致富的利益共同体。

（4）进一步完善科技特派员创业激励机制

鼓励科技特派员以项目为载体，以"特派员 + 基地（项目）+ 企业（合作社）+ 农户"等多种创业模式，将科技示范基地、示范园区、企业、农民合作社与农户结成利益共同体，以领办、创办或资金入股、技术参股、利润分成等多种形式开展创业活动，形成风险共担、利益共享的工作机制。按市场运行规律生产经营，对示范、带动作用明显、效益显著的利益共同体给予奖励或连续支持，让科技人员能够尝到领办创办企业带来的红利，增加创业热情。

（5）进一步创新方式方法，用有效的服务方式推动农业科技推广

科技特派员要发扬奉献精神，践行家国情怀，不断创新工作方式方法，充分借助互联网等信息化手段，了解帮扶地区农业生产技术需求，以视频互动、远程诊断、在线答疑等方式开展线上诊断和技术指导服务，为贫困户推广科技知识，及时解决农业关键技术问题和技术需求难题。

与此同时，各级科技管理部门还要通过电视、网络、报刊等媒体，广泛开展科技特派员助力乡村振兴工作的服务宣传活动，推广科技特派员科技助力成功经验做法和典型案例，提升科技特派员社会认知度，激励更多科技特派员投身一线乡村，营造科技助力乡村振兴的良好氛围。

9.4.7 完善农业技术推广体系，提高农业技术推广人员和农民素质

农业发达国家的科技推广体系一般具有共同的特点：一是产学研有机结

合，使新技术的开发具有较强针对性，且提高了科研成果推广的效率；二是服务范围广，涵盖产前、产中和产后全程；三是得到了政府的政策支持和资金资助（翟治芬，2015）。吉林省只有完善农业技术推广体系，重视原始科研成果创新、重视农业技术推广转化，对相关人员予以激励，加大对农业科技研发推广的政策支持力度，才能更好地提高农业科技成果转化水平。

农业技术推广人员是一种能力强、素质高的复合型人才。对于农业技术推广人员素质问题，需要相关部门重视农业技术推广人员的选拔、培训和使用。首先，提高准入门槛，将人员的素质、能力、受教育水平纳入选拔标准。其次，农业技术推广人员要树立终身学习的观念，相关部门要定期为农业技术推广人员进行培训。建议相关部门采取多种方式加大对农业技术推广人员的培训，提高农业技术推广人员的技术水平、业务能力和先进理念，尤其是公益性的、免费的农业技术培训，以促进农业技术推广队伍的知识更新，并将培训的效果与绩效挂钩，真正达到培训的目的。培训的内容主要针对专业知识更新，使农业技术推广人员广泛深入地接触并了解农业技术推广和农业生产中的各项技术，使之接受培训后能真正对农业生产中的难题进行有效的指导。同时，培训不能仅仅局限于专业知识，还应涉及先进的推广理念、推广方式，逐步建立以农民为核心的服务型农业技术推广队伍。最后，要健全和规范农业技术推广人员的激励、考核、评价标准，提高农技推广人员的福利待遇，为农业技术推广、农业技术成果转化提供保障。

农民是新型农业技术的主要接受者和使用者，农民的素质直接影响新技术的采纳和使用。借鉴荷兰、德国、以色列等国家的经验，发挥农业高校和职业技术学院的优势，加大对农民的培训力度，培养新型职业农民，提高农民的科技素质和商业能力。

第10章
吉林省现代农业科技创新体系构建及运行保障

10.1 吉林省现代农业科技创新体系构建的原则与总体思路

农业科技创新体系是指农业科技创新的组织系统，包括创新主体、创新体制和机制、创新环境等，是能够基于市场作用和国家引导，促进各类创新主体网络化互动的社会经济系统，它由政府、农业科研机构和高等院校、农业生产单位（企业与农户）、农业推广和社会化服务机构组成（单玉丽，2004）。农业科技创新体系具有整体性、有序性、目的性和产业适应性等特征，是国家创新体系和区域创新体系的重要组成部分。农业出路在现代化，农业现代化关键在科技进步。目前，吉林省应适应新时代农业农村发展要求，在创新驱动发展战略和乡村振兴战略指引下，围绕农业节本增效、质量安全、生态环保需求，构建适合吉林省农业发展特征的现代农业科技创新体系，深度推进产学研一体化发展，科学配置农业科技创新资源、培育农业农村发展新动能，进一步推动吉林省农业科技创新与成果转化。

10.1.1 吉林省现代农业科技创新体系构建的必要性

吉林是农业大省，也是国家老工业基地和重要的商品粮基地，拥有较强的农业科技创新实力。但也必须看到，当前农业科技创新能力与农业农村发展需求不相适应的问题还没有根本解决，一些制约农业发展和农村民生改善的技术难题亟待突破；农业科技源头创新能力（不足）与其创新主体地位不相适应，产学研深度结合的长效机制亟待建立；农业科技投入水平与农业科技事业发展需求不相适应，持续稳定增长的农业科技投入机制亟待健全完善；农业科技资源分布（不均衡）与统筹城乡发展的要求不相适应，加强基层科技力量，拓展科技成果快速应用转化渠道尤为迫切。为了有效解决这些问题，充分发挥科技对农业农村发展的支撑引领作用，目前，吉林省迫切需要进一步深化科技体制改革，创新科技工作机制，加快构建现代农业科技创新体系。

10.1.1.1　构建现代农业科技创新体系有利于提高吉林省农业科技自主创新能力

多年来，吉林省农业科技体制改革不断深化，并取得了初步成效和阶段性成果。但总体看，吉林省农业科研体系与发展现代农业和农业供给侧改革的要求还不适应，农业科技自主创新能力亟待加强。

吉林省每个地级市都有相关的农业科研单位为当地的农业发展提供科技支撑，这些地级市科研院所分布较为分散。对于吉林省这样的欠发达省份来说，由于财力、物力有限，整合现有的农业科技资源是提升农业科技创新能力的一个重要手段，而推进农业科技创新体系建设是整合区域农业科技资源的重要举措。但是，通过把吉林省数量众多的农业科研单位简单地整合在一起并不一定能够形成较强的科技创新能力，因为长期以来这些单位相互之间缺乏有效的资源整合与联合共享机制，研究力量相对分散，缺少统一规划和调控，制约了农业科技创新水平和能力的提高。主要表现在：①现有科技体制层次不清、力量分散，创新效率有待提高；②受地域和行业局限，科研院所条块分割、重复研究，造成人、财、物浪费；③科研、开发与生产相互脱节，造成农业技术创新过程不畅，许多成果没有转化为现实生产力；④科研定位集中于产中阶段，而产前基础研究与产后加工环节科研力量薄弱。大力推进现代农业科技创新体系建设则有望解决以上这些长期困扰吉林省农业发展的问题，从而提升吉林省的农业科技创新能力。

10.1.1.2　构建现代农业科技创新体系有利于提升吉林省农产品的竞争力

现代农业科技创新体系的建构有利于实现农产品增产和农民增收。完善的农业科技创新体系可以促进农业科技成果转化，不仅能提高农民的技术水平，还能提高农民的整体科技文化素质，实现农业科技的使用价值。在生物技术、信息技术方面的创新成果中，以育种技术、机械技术和信息技术降低农业种养成本，在增加农民收入的同时保证农产品产量稳定增加；以"互联网＋"和物联网等销售方式降低农产品收购及销售成本并进一步扩大农产品的销售渠道。

现代农业科技创新体系的建构有利于增强高质量农产品的供给能力，提升农产品竞争力。从吉林省农产品现状来看，主要问题是种业安全有待提高、化肥农药使用强度较大以及资源约束大。围绕粮食安全战略，增强高质量农产品有效供给能力，提升耕地质量，提升粮食绿色生态储运能力，保证主要经济作物优质高产，吉林省应充分发挥现代农业科技创新体系在保障高质量农产品有效供给方面的支撑作用，进而提高吉林省农产品竞争力。

10.1.1.3　构建现代农业科技创新体系有利于推动吉林省农业的高质量发展

建立健全现代农业科技创新体系是保证农业绿色发展、智慧发展、农业成果应用的关键一步。吉林省是著名的黄金玉米带和黄金水稻带，但近年来，黑土地退化，急需恢复和保护。在"绿水青山就是金山银山"的理念指导下，围绕绿色、生态、高效、优质、安全的农业发展需求，在绿色农业、循环农业等方面，现代农业科技创新体系将会为其提供有力的制度支持；在智能农机装备与高效设施、农业智能生产和农业智慧经营等技术和产品研发方面，构建信息化、智能化的农业生产经营体系，现代农业科技创新体系将提供有效的技术创新拉动力；在农业科技成果转化方面，围绕本地区特色产业发展和生态建设中的关键技术问题，加大新品种、新技术、新成果的开发、引进、集成、试验、示范和推广力度，现代农业科技创新体系将提供规范的推广保障。

10.1.1.4　构建现代农业科技创新体系有利于促进吉林省率先实现农业现代化

我国正由传统农业向现代农业转型，农业现代化的关键是农业科技现代化，农业科技创新是推进农业现代化的源动力。吉林省现代农业发展亟待实现创新驱动和内生增长，现代农业科技创新体系是实现吉林省农业现代化和农业经济持续增长的重要战略支撑。

农业现代化可依靠科技创新来实现内生驱动。农业科技资源具有显著的技术溢出效率，即科技资源本身不仅是农业生产不可或缺的要素，它还具有"经济核心"作用，当科技资源被"内生化"应用时，将创造出任何资源配置均无法超越的效率状态，这种效应在我国农业现代化进程中将更加凸显。农业现代化实际上是改造传统农业、发展现代农业的过程，推动资源消耗型农业增长模式向科技创新型模式转变，是改造传统农业的必由之路。目前吉林省农业资源稀缺性、生态环境负外部性等因素对吉林省农业的刚性约束日趋加剧，传统的农业生产方式已难以为继，依靠农业科技创新克服资源束缚，提高要素产出率，俨然成为提升吉林省农业生产力，推进农业现代化的必然选择。同时，在农业产业部门的投入产出效率相对较低的情况下，科技创新要素向农业部门导入，可以促使农业生产效率提升，进而吸引更多的生产资源要素向农业生产部门聚集，促进农业经济增长和现代农业进一步发展。

农业科技创新体系通过一定的方式整合农业科技资源，有利于提高农业科技创新效能，加快农业现代化步伐。吉林省是农业大省，农业在吉林省的经济发展中依然占据着较大的比重，吉林省农业的发展对提升农民的收入水平和保障国家的粮食安全都有着重要的影响。为此，推进吉林省农业现代化建设一直是吉林省委省政府长期紧抓的一项重要工作。吉林省政府的相关单位采取了一系列的措施来推进吉林农业现代化建设，也取得了不小的成绩，但从整体来说，现阶段的吉林省农业现代化之路还有很长的一段路要走，推进区域性农业科技创新体系建设有利于促进吉林省率先实现农业现代化。

10.1.2　现代农业科技创新体系构建的原则

加快构建吉林省的现代农业科技创新体系，需要坚持以下六个建设原则：

（1）坚持科学规划，突出指导引领

要着眼长远、立足当前，科学规划、合理布局，根据现实和可能分阶段制定目标任务，稳步推进农业科技创新体系建设。要把创新、协调、绿色、开放、共享五大发展理念贯穿到农业科技工作的各个环节，以创新理念引领农业科技创新体系发展。

（2）坚持问题导向，聚焦体制创新

从制约农业农村发展的突出问题入手，密切关注粮食安全、食品安全、生态安全、绿色发展等瓶颈制约，以深化体制改革激活农业科技要素，集中优势科研力量，以问题为导向，制定系统性解决方案。

（3）坚持服务产业，推动转型升级

把服务农业产业发展作为农业科技创新体系建设的主要目标，坚持把提升产业竞争力作为农业科技主攻方向和战略任务，以科技创新推动现代农业要素由量的积累向质的飞跃转变，大力培育农业高新技术产业，拉动农业产业结构优化升级。

（4）坚持市场主导，强化企业主体

充分发挥市场配置资源的决定性作用，把培育农业科技龙头企业科技意识和创新能力摆在突出位置，逐步构建市场主导、企业主体、政产学研深度融合、包容发展的农业科技创新体系。

（5）坚持资源整合，注重机制创新

打破行业和区划界限，加强横向联动、纵向集成，积极探索构建有利于农业科技与农村经济密切结合的模式和机制。综合运用政策、资金、金融和市场多种手段鼓励引导科技人员向农业和农村领域流动，引导创新要素向农业产业一线聚集，把农业科技创新的主阵地由课题组、实验室转向工厂车间、田间地头，实现科技资源有序流动和优化配置。

(6) 坚持加大投入，强化科技管理

增加省级财政对农业科技的投入，集省市县资源，积极争取国家支持，创新财政科技投入机制，引导企业科技创新投入，建立政府主导、企业主体、社会参与的多元化科技投入体系。加强组织协调和规范管理，建立绩效考评、激励、约束机制，提高科技资金使用效率。

10.1.3 现代农业科技创新体系构建的总体思路

坚持创新、协调、绿色、开放、共享的发展理念，深入实施创新驱动发展战略，主动适应经济发展新常态，创新农业科技体制机制。以率先实现农业现代化为总目标，以节本增效、优质安全、绿色发展为重点，以推进农业供给侧结构性改革为主线，以大力提升农业科技自主创新能力、农产品有效供给保障能力、农业增效和农村民生改善的支撑能力为主攻方向，加快现代农业科技创新体系建设，着力提高农业科技创新供给的质量，着力提高农业产业综合竞争力，着力推动县域突破战略实施，着力扩大农业科技开放合作。重点围绕生物育种、低碳循环、农机装备、食品制造、智慧农业和区域发展等重大关键技术，加快自主创新、源头创新、集成创新，努力构建信息化主导、智能化生产、生物技术引领、绿色技术支撑的农业现代化技术体系，尽快形成创新要素优化配置，创新效率显著提升，创新成果快速转化的农业科技创新格局。

力争经过5～10年努力，构建完善"一个体系"，强化"四个功能"，推动"六大转变"，实现"三个明显"提升目标。构建完善以科技创新和体制创新双轮驱动的农业科技创新体系，强化农业科技创新驱动功能、服务产业功能、示范引领功能、应用转化功能，推动农业发展方式由以规模扩张为主导的粗放型发展向以质量效益为主导的集约型发展转变，由传统要素主导发展向创新要素主导发展转变，由产业分工价值链中低端向价值链中高端转变，科技创新能力由"跟踪、并行、领跑"并存、跟踪为主向并行、领跑为主转变，资源配置由研发环节为主向产业链、创新链、资金链、价值链统筹配置转变，创新主体由以科技人员小众为主向小众与大众创新创业互动转变，实现农业科技自主创新能力明显提升，粮食安全保障能力明显提升，农业增效、农民增收支撑能力明显提升。以"六大转变"积蓄农业农村发展新动能，通过农业科技创新孕育催生以粮食为基础、农牧结合、粮牧特加并举、一二三产业融合发展新模式，稳步提高农业质量、效益和竞争力，补"四化同步"中的农业现代化短板，走资源节约、环境友好、产出高效、产品安全的农业现代化道路。

10.2　吉林省现代农业科技创新体系构成主体及其功能定位

10.2.1　吉林省现代农业科技创新体系的构成主体界定

现代农业经济学观点认为，农业科技创新是农业科技成果在农业生产实践中应用并引发生产要素的重新组合，整个过程涵盖农业科技研发、试验推广、生产应用及创新扩散等一系列涉及科技、组织、金融活动等的前后相继、相互关联的发展过程。现代农业科技创新体系作为国家创新系统的重要组成部分，是现代农业科技成果创造、转化、推广和应用的集成系统。具体来说，现代农业科技创新体系是指适应现代农业发展规律和需求，由农业科技创新主体和创新要素综合集成的，能够创造具有高附加值与高科技含量的新型农业科技成果并将其高效转化为实际生产力的科技系统，其构成主要包括现代农业科技研发体系、农业科技成果转化体系、新型农业科技推广与服务体系，是一个服务于现代农业发展，推进农业科技进步和生产力变革的复杂性、多功能的综合系统（王雅鹏等，2015）。

上述概念准确阐释了农业科技创新的含义和现代农业科技创新体系的内涵与构成，结合吉林省农业发展规律和需求，本研究认为吉林省现代农业科技创新体系的主体应包括涉农高校与科研机构、农产品加工企业、农业科技园区、新型农业科技服务组织。

（1）涉农高校与科研院所

涉农高校与科研院所是吉林省农业科技创新的前沿阵地，担负着吉林省各区域内农作物新品种选育和试验示范等农业生产技术研究的重任，是对农业科技的源头创新和基础性创新，对吉林省各地农业生产发展、农村经济繁荣发挥着巨大作用。

（2）农产品加工企业

农产品加工企业，是指对粮棉油薯、肉禽蛋奶、果蔬茶菌、水产品、林产品和特色农产品等进行工业生产活动的总和，承担对农畜产品加工技术进行研发和使用的重任，直接影响着农畜产品的转化和增值。

（3）农业科技园区

农业科技园区是在吉林省的一定区域范围内，以市场为导向、以企业为主体、以科技为支撑，形成区域优势特色农业产业集聚和科技创新资源集成，对不同区域及县域农业产业发展、农村经济结构调整具有关键作用及示范带动作用的农业科技密集区、试验区、示范区或高新技术园区等。

（4）新型农业科技服务组织

新型农业科技服务组织是指服务于农业生产作业链条，直接完成或协助完成农业产前、产中、产后各环节作业的科技服务组织机构，如农业科技成果转化中心、农民合作组织等。另外，科技特派员制度、"12396"农业科技信息服务平台等也是农业科技服务的有效方式。

10.2.2　吉林省现代农业科技创新体系构成主体的功能定位

健全农业科技创新体系的过程，也是对原有科技体系的重构和完善过程。由上一节可知，吉林省现代农业科技创新体系建设的主体包括涉农高校与科研院所、农产品加工企业、农业科技园区、新型农业科技服务组织，但农业科研院所、高校、技术推广部门自成体系，各自的目标取向不一致，评价标准不同，改革进程存在差异，导致传统分配机制仍占主导地位。科技人才单位封闭管理的模式并未打破，设施不开放、信息不共享；农业科技成果供给与生产领域需求错位，转换机制缺乏；农产品加工企业缺少独立研发机构，创新主体角色尚未确立，不利于农业科技创新成果的有效扩散。所以，应明确吉林省现代农业科技创新体系主体功能定位，具体如下：①以涉农高校、科研院所为依托的农业科技源头创新主体；②以农业科技型企业为龙头的农畜产品加工技术创新主体；③以农业科技园区为平台的高效种养加技术应用示范主体；④以新型农业科技服务组织为支撑的农业科技成果推广转化社会化服务主体。

10.3　"四位一体"现代农业科技创新体系的构建

经过上述分析，吉林省可构建"涉农高校及科研院所、农产品加工龙头企业、农业科技园区、新型农业科技服务组织"等集科技研发、成果转化和技术推广"四位一体"的现代农业科技创新体系。具体内容如下：

10.3.1　构建以涉农高校、科研院所为依托的农业科技源头创新体系

围绕构建农业科技源头创新体系，发挥科研院所、高等院校和东北农业科技创新中心的引擎作用，培育源头创新的先导突击力量。

（1）依托高等院校、科研院所和有条件的科技型龙头企业，建设和完善国家和省级重点实验室、工程技术研究中心等创新平台

持续稳定支持高水平创新团队，集中优势科技资源开展动植物品种培育、

节本增效、产品加工增值、动植物疫病防控、农产品质量安全、生态环境保护、资源高效利用等技术攻关，尽快形成创新突破一批、应用转化一批、在研攻关一批、立项储备一批的接力式滚动型创新格局。打破制约吉林省农业发展的关键技术瓶颈，巩固发展我省在农业农村领域的科技研发优势，增强持续创新能力和农业发展后劲。

（2）支持办好东北农业创新中心

创新机制，整合资源，重点倾斜，集成创新，着力构建功能合理，机制灵活，运转高效，支撑有力的开放式共享型农业科技创新平台。

（3）实施种业自主创新工程

适应产业结构调整优化需求，以主要农作物、经济作物、畜禽养殖、林果花卉、微生物等面临国际种业竞争压力的重点领域，聚焦种业产业链协同创新的瓶颈问题，在种质资源收集保存、种子质量安全、育种技术创新、品种创制、高效繁育和质量检测等核心技术上取得突破，推进规模化育种技术集成应用，培育拥有自主知识产权的重大新品种，构建市场主导、企业主体、科技支撑的产学研一体化种业新体制，夯实食物安全的源头基础。

（4）探索农业颠覆性科技创新

加强农业领域重大技术预测，着眼并跑、领跑，以领跑为主的创新需求，超前部署信息、材料、生物、制造等交叉学科创新研究，有针对性开展对农业产业变革趋势具有引领性影响的颠覆性技术研究，重点探索系统生物学、结构生物学、基因组编辑、生物信息学、转基因技术和常规育种等技术融合发展的新途径、新举措、新方法。立足互联网＋现代农业，布局农业大数据整合技术研究、农业"天地网"一体化信息工程技术研究、农业纳米技术和农业智能机器人等研究。

10.3.2　构建以科技型企业为龙头的农畜产品加工技术创新体系

围绕构建农畜产品加工技术创新体系，突出科技型农业龙头企业创新能力建设，培育农业产业结构优化升级的拉动力量。

（1）加强农业龙头企业创新设施条件与能力建设

以推进科技资源优化配置和开放共享为依托，支持龙头企业独立或吸收科研机构、高等院校参股、入股建立技术创新实验室、技术研发中心、技术合作研发基地；加强龙头企业创新团队建设，加快科技管理制度创新和科技投入机制创新，鼓励企业科技创新领军人才与科研机构、高等院校创新要素密切结合，开展技术、产品、加工工艺协同创新，形成农业产业技术创新战略联盟。

（2）加强农业龙头企业集成创新能力培育和新产品开发

支持农业龙头企业牵头联合科研机构、高等院校承担有应用前景的科技计划项目，引导科技资源向龙头企业聚集，加大产品开发和公益创新力度，加快建立具有核心竞争力和国际话语权的企业标准、行业标准及工艺流程，提高企业科技含量和整体竞争力。探索建立以技术创新能力和技术转化绩效为导向的农业龙头企业考核标准，引导企业把科技创新作为生存发展的生命线。

（3）支持和鼓励农业龙头企业加强创新发展战略研究

有计划组织专题培训，开阔企业管理层视野，指导企业制定成长路线图、技术创新规划和实施计划，组织专家对企业发展的重大战略问题开展登门诊断和咨询服务。

（4）优化企业融资环境，建立农业科技贷款服务平台

引导金融机构提高对农业龙头企业科技项目的贷款规模；探索财政科技资金与创业投资联动支持龙头企业的融资机制；组织中介服务机构去龙头企业进行上市辅导和跟踪服务，缓解企业科技创新融资困难。

10.3.3 构建以农业科技园区为平台的农业科技成果创新与转化示范体系

围绕构建农业科技创新成果转化示范创新体系，打造高水平农业科技园区和科技示范基地，培育增强科技成果转化能力的示范引领力量。

（1）支持办好5个国家级、7个省级农业科技示范园区

创新机制，整合资源，重点倾斜，集成创新，着力构建功能合理、机制灵活、运转高效、支撑有力的开放式共享型农业科技创新平台。

（2）围绕东中西三大板块和优势特色产业发展需求，重点建设一批农业科技创新示范基地

集成组装和示范应用一些标准化、成套化农业种养加技术，以创新示范基地为抓手，构建从"技术研究""中间试验""集成组装""培训服务"到应用转化的完整链条，促进产业链、技术链、创新链的紧密衔接和融合。

（3）创新机制，重心下沉

科学规划，合理布点，以县市为基本单元，以科技创新示范基地为平台，建立科技融入产业发展长效机制，组织实施专家教授牵头，研究生、大学生组团，龙头企业、合作组织和乡土人才参与，形成目标认同、高度互信、利益共享的基地共建机制，合力推进创新基地发展壮大，发挥辐射扩散效应。

（4）加强创新成果转化能力建设

发挥基地建设主体和专家团队的作用，建立科技培训网络，以农业科技园区和示范基地为载体，开展新品种、新技术、新规程、新工艺的转化应用。有计划开展农民科技培训，提高其科技意识和接受新事物、新技术的能力，以农民素质提升来加快创新成果转化和转移扩散。

10.3.4　构建以新型农业科技服务组织为支撑的农业科技成果推广服务体系

围绕构建农业科技社会化服务体系，创新科技服务模式和机制，培育创新成果推广应用的主体力量。

（1）扩大科技特派员服务领域和范围

以机制创新为动力，以政策激励为保障，以服务基层为重点，深入实施科技特派员制度。发挥各级财政资金引导作用，吸引金融、保险、社会闲散资金等共同参与，优化科技特派员制度的实施环境。加强科技特派员创业基地建设，打造农业农村领域的众创空间——"星创天地"，完善创业服务平台，降低创业门槛和风险，为科技特派员和大学生、返乡农民工、农村青年致富带头人、乡土人才等开展农村科技创业营造低成本、社会化、便捷化的农村创业服务环境。坚持利益驱动、项目带动、政策启动、市场拉动、自主自愿、双向选择的原则，选派更多农业科技人员到农村一线，寻找科技、人才、产业、项目最佳结合点，形成良性互动、共生多赢的科技创新实体。通过政策倾斜和优先支持，鼓励科技特派员带技术、资金进乡入村。以扶贫项目为纽带，实现引领、示范、推广、培训相结合，开展创业式扶贫和智力扶贫。大力支持法人科技特派员利用自身技术、资金、人才、管理、市场优势，发展具有地方特色的新技术、新产品、新产业、新业态，积极培育"产供销一体化""龙头企业＋基地＋农户"的新型涉农企业模式，发挥示范引领作用，拓展农业社会化科技服务新功能。

（2）积极支持龙头企业创新服务中心、农业科技成果转化中心、专业技术协会等新型科技服务机构的发展

完善新型科技服务机构服务功能，提升新型科技服务机构服务水平，提高新型科技服务机构对基层乡镇和广大农民的技术服务能力。

（3）加强农业科技信息服务体系建设

以"12316""12396"科技信息服务平台为重点，构建多元化农业科技信息传输体系和综合科技服务平台。继续完善"12316"科技信息服务平台建设，逐步推进农村科技"12396"信息服务平台建设。在语音、短信服务的基础上，开展"12396"微信服务，在大型涉农企业、农村集贸市场和居民聚集区等场所建立"12396"触摸屏，开发"吉林12396"手机 App 客户端，拓宽农村社会化科技服务新领域。构建传统服务方式与现代服务方式相融合、远程服务方式与现场服务方式相结合的科技服务体系建设，提高农村科技信息服务质量和效率。

（4）深入实施科技入户工程

依托科技创新示范基地、科技示范园区，根据特色种养经济板块和优势产业带，产业集群区域布局，构建完善"牵头专家-技术指导员-专业合作组织-科技示范户-辐射带动户"的新型农技推广服务网络，衔接农资供应、疾病防控、质量安全、现代物流等社会化服务，形成"科技人员直接到户、良种良法直接到田、技术要领直接到人"的长效推广机制，提高科技进村、到田、入户率。

（5）构建新型农民培训网络

组织涉农科研院所、大专院校开展农民实用技术培训活动。通过组织各类培训班、现场指导、科技赶集、远程培训等多种手段，分层次、分专业有针对性地开展科技培训工作，提高农民科技文化素质，增强其承接应用科学技术能力。充分发挥省、市、县三级星火培训基地（学校）和中等职业学校作用，开展面向农村青年、农民工群体的职业技能培训，培养大批适应现代农业发展需要、满足转移就业要求的新型农民。依托农民科技培训工程、科普示范助力新农村计划和科普惠农计划等科技推广活动，助力各类专业技术协会、科普示范基地、农村函授技术学校、远程技术咨询、科学成果展示会等平台，采取课堂讲解和现场操作相结合的方式，开展农民实用技术培训和技术服务活动。

2020 年 6 月 30 日，为深入贯彻落实党中央、国务院关于实施创新驱动发展战略和乡村振兴战略的部署要求，大力推进产学研深度融合，农业农村部下发文件《农业农村部办公厅关于国家农业科技创新联盟建设的指导意见（农办科〔2020〕12 号）》，《意见》指出，国家农业科技创新联盟是深化农业科技体制改革和机制创新、深度推进产学研一体化的重要举措，是科学配置农业科技创新资源、培育农业农村发展新动能、支撑引领乡村振兴的重要平台和载体。构建国家级和省级农业科技创新联盟，推进产学研深度融合，推进"四位一体"现代农业科技创新体系深入融合发展。

10.4　吉林省现代农业科技创新体系有效运行的保障措施

10.4.1　组织保障

农业科技创新体系建设关乎农业发展全局，吉林省应从高层面、大格局审视和建设农业科技创新体系，进行科学合理的顶层设计和战略部署，制定统一规划，进一步明确农业科技创新体系建设目标与原则，确定建设基本内容与任务，建立省、市、县协同创新的农业科技创新体系建设领导和组织机构，优化组织结构及职能划分，提升组织效能。吉林省农业科技创新体系的组织保障包括以下几个方面：

10.4.1.1　加强领导，统筹协调

健全完善现代农业科技体系，涉及部门多，覆盖领域宽，必须动员方方面面的力量，调动一切积极因素，形成合力推进工作开展。为加强沟通协调，推进配套联动，成立由省政府主要领导担任组长，省直有关部门和农业科研机构、高等院校为成员单位的全省农业科技创新体系建设领导小组，统筹协调全省农业科技创新体系建设工作，按照建设方案和有关规划，研究解决建设过程中的重大问题，审定出台有关政策措施。领导小组办公室设在省科技厅，负责日常具体工作。

10.4.1.2　广泛发动，全面参与

农业科技创新涉及面广，关系广大农民群众切身利益，要广泛动员各级政府相关部门、涉农企业、科研院所、大专院校、农村基层干部、基层农技推广人员以及广大农民群众积极参与。

各地和省直有关部门要把农业科技创新体系建设摆上发展现代农业、推进乡村振兴和加快新一轮吉林振兴、全面建成小康社会的战略位置，切实加强领导，加大工作力度，强化大局意识、责任意识、紧迫意识，狠抓各项政策任务落实，确保现代农业科技创新体系建设工作落到实处，取得实效。

10.4.1.3　加大宣传力度，形成社会氛围

围绕现代农业科技创新体系建设，充分利用网络、报刊、电视、广播、展览等多种形式，有步骤、有计划地开展系列宣传活动，营造有利于现代农业科技创新体系建设的舆论氛围和良好环境。

10.4.2　机制保障

现代农业科技创新体系建设是一个复杂的系统工程，需要系统设计，分层次、分步实施，多方支持，共同参与完成。

10.4.2.1　创新建设机制

通过建设平台和完善机制来带动体系的形成，实施项目带动战略，整合力量，以任务带团队、以团队促网络、以网络建体系。

科学规划，合理布点，以县市为基本单元，以科技创新示范基地为平台，建立科技融入产业发展长效机制，组织实施专家教授牵头，研究生、大学生组团，龙头企业、合作组织和乡土人才参与，形成目标认同、高度互信、利益共享的基地共建机制，合力推进创新基地发展壮大，发挥辐射扩散效应。

加强创新成果转化能力建设，发挥基地建设主体和专家团队的作用，建立科技培训网络，以基地为载体，开展新品种、新技术、新规程、新工艺的转化应用。有计划开展农民科技培训，提高其科技意识和接受新事物、新技术的能力，以农民素质提升加快创新成果转化和转移扩散。

10.4.2.2 完善运行和管理机制

(1) 建立分工协作和联合攻关机制

围绕农业发展的重大需求，全面推行以任务分工为基础、以权益合理分配和资源信息共享为核心、以项目为纽带的协作攻关机制。高等院校、农业科研院所和企业农业技术研发中心采取多种形式的联合共建，形成联合攻关团队与战略联盟。通过项目协作网络，建立跨区域、跨学科、跨专业的创新团队，促进突破性创新成果的产生和创新效率的提高。

(2) 全面实行岗位聘用制度

遵循"按需设岗、竞争上岗、按岗聘用、合同管理"的原则，建立健全以聘用制度和岗位管理制度为核心的用人机制，在科学设岗的基础上，形成短期聘用、中长期聘用和项目聘用相结合的灵活用人方式，实行动态管理，建立岗位培训和人员退出制度。

(3) 改革立项机制

应用性研究领域科研选题和立项执行公开、公示、公议制度，广泛听取并充分尊重农民、农技人员、企业和专家的意见，做到顶层设计与生产需求紧密结合，实现选题"从生产中来，到实践中去"。

10.4.2.3 建立考核评价机制

(1) 实行绩效分类评价制度

按照各地和省直有关部门承担的任务，建立以创新能力、创新成果、管理水平、联合协作、信息共享、服务能力等为主要内容的评价体系。建立层层负责的工作责任制，狠抓各项政策措施的落实，不断提高农业科技创新工作水平。同时加大农业科技创新活动进展情况的监督、检查和管理，农业科技创新完成工作的具体进度情况应由专门的考评小组和考评专家进行监督和考评，同时考评小组应制定严密、标准的评定方案。

(2) 建立健全科技人员信用考核制度

建立年度考核与聘期考核相结合的考核制度，把考核结果作为续聘、解聘或调整岗位的依据。探索建立信用考核制度，制定科技计划信用评价指标体系，建立信用管理数据库。对承担国家财政支持项目的科技人员进行信用监督，将信用考核结果作为继续承担项目的主要依据之一。每5年组织业内外专家组成的评估委员会，对科研人员5年来的研究水平进行综合评估。

（3）建立人才和科技成果分类评价制度

建立有利于激励自主创新的人才评价和奖励制度；建立不同领域、不同类型人才的评价体系，对科学研究、科研管理、技术服务等各类人员实行分类管理；建立符合科技人才规律的多元化考核评价体系，明确评价的指标和要素。建立和完善第三方的科技成果独立评估制度，基础研究成果以同行认可和学术影响为依据；应用性研究成果的评价阶段后移，以技术转移、生产和市场应用实际效果为主。

10.4.2.4　建立成果快速转化机制

（1）实行科技成果定期发布制度

建立科技成果信息共享平台，实时收集，定期公开。对具有重大应用前景的科技成果，采取媒体宣传、现场观摩、集中展示等方式，进行发布和推介。

（2）探索新型农技推广服务机制

围绕构建农业科技社会化服务体系，创新科技服务模式和机制，培育创新成果推广应用的主体力量，逐步建立起以国家农业技术推广机构为主导，农村合作经济组织为基础，农业科研、教育等单位和涉农企业广泛参与、分工协作、服务到位、充满活力的多元化基层农业技术推广体系。继续扩大科技特派员服务领域和范围，以机制创新为动力，以政策激励为保障，以服务基层为重点，深入实施科技特派员制度。

10.4.3　资金与人才保障

10.4.3.1　资金保障

集成存量资源，加大科技投入，发挥财政投入的导向作用，撬动社会资源和民营资本，形成政府主导，企业主体，社会参与的多元化投入机制。要在不改变资金渠道和部门职能分工的前提下，整合各类科技计划资金和有关部门的资金，围绕现代农业科技创新体系建设加大投入力度，如积极争取国家科技计划和涉农资金支持。省级财政视财力增长情况，建立农业科技创新专项资金。省内各级政府要结合实际情况确保必要的农业科技投入。

10.4.3.2　人才保障

（1）制定和实施农业科技创新人才规划

现代农业科技创新体系的核心主体是农业科技创新人才，要加快引进和培养多元化、复合型、专业性的农业科技创新人才和生产经营管理人才，促进多元人才之间的交流合作，联合高校、科研院所、农业企业重点培养高素质农业科技创新领军人才，优化农业科技创新人才资源配置，建立畅通的农业科技创新人才流通渠道。制定和实施农业科技创新人才规划，建立和完善人才引进、培养、选拔和退出机制，健全人才服务和保障体系，营造宽松的农业科技创新人才成长和发展氛围，为现代农业科技创新体系建设做好人才保障。

（2）完善和优化农业科技创新人才激励考评机制

尊重农业科技创新的特点和规律，完善和优化农业科技创新人才激励考评机制，给予农业科技创新人才在项目申请和执行、资金使用、创新领域遴选、成果处置等方面更大的自主权，充分调动其创新积极性。加大农业科技人才培养力度，积极争夺农业科技领域尖端力量，引进国内外学术拔尖人才和学科带头人。引导农业龙头企业与高校、科研机构之间进行产学研合作，努力形成农业科技创新团队，支持农业科技创新主体进行农业新品种、新技术的创新研发。

（3）加强农业科教体系建设

加强农业科教体系建设，大力鼓励和引导广大农民接受专业培训，提高自身科技素质。

10.4.4　政策与法律保障

10.4.4.1　国家关于农业科技创新的政策支撑体系

一是创新驱动乡村振兴发展的总体部署基本完成。科技部出台《关于创新驱动乡村振兴发展的意见》，并编制印发《创新驱动乡村振兴发展专项规划（2018—2022年）》，细化实化任务举措，形成指导工作落实的重要依据。在深入调研的基础上，形成《关于国家农业科技创新体系建设的有关考虑》等调研报告。农业农村部印发《乡村振兴科技支撑行动实施方案》。

二是强化农业农村科技创新供给。科技部持续加强"七大农作物育种""粮食丰产增效科技创新"等8个重点专项实施工作，并启动实施"蓝色粮仓科技创新""绿色宜居村镇技术创新"等重点专项。农业农村部强化农业基础前沿技术研究，加快关键核心技术研发，强化技术模式集成示范。

三是统筹农业农村科技创新平台基地建设。科技部全面实施国家农业科技园区"333"布局，即到2025年建设30个国家农业高新技术产业示范区、300个国家农业科技园区，带动地方建设3000个省级农业科技园区。依托高校、科研院所、企业在农业农村领域建设了51个国家重点实验室。积极建设国家科技资源共享服务平台、国家野外科学观测研究站，引导地方建设区域性创新基地。

10.4.4.2　吉林省关于农业科技创新的政策与法律保障

为推动农业科技创新，加强政府政策引导和支持，促进科技成果转化，吉林省在梳理和整合现有相关政策、制度和法律体系，消除部门之间、中央和地方之间政策上的矛盾的基础上，紧密结合农业创新实际，尽快制定和出台符合新时期需求的农业创新体系建设与发展的相关制度和政策，构建立体、集成的农业创新制度和政策体系，提升制度和政策效能，形成更为和谐顺畅的农业科技创新政策环境。同时，吉林省各级政府部门应该建立健全各项法律法规，对农业科技创新体系提供法律保障，保证政策和措施落实力度，从而促进农业科技创新的进展。重点应关注以下方面的政策和法律保障：

一是完善对农业基础研究、应用研究的政策与法律保障。对农业科技活动的不同环节应采用不同的政策支持，基于吉林省乃至全国农业基础研究投入存在明显滞后、科技创新条件和支撑不足等问题，应逐步提高基础研究、应用研究在整个农业研究中的份额。在政策资金支持方面应采用稳定为主的政策方式，同时重视农业基础研究和应用人才的投入。

二是匹配农业科技创新技术推广的政策与法律保障。将具体的科学技术转换成现实的生产力，在科研、生产、推广环节都需要政策与法律保障。现阶段，农村科技进行扩散的主要力量依然是农业技术推广机构。围绕构建农业科技社会化服务体系，创新科技服务模式和机制，培育创新成果推广应用的新力量，必须制定和完善相适应的政策与法律保障。

三是增强农业科技创新知识产权保护的政策与法律保障。建立适合吉林省农业科技创新现状的知识产权保护法律体系，总结各项条例实施中的经验和不足，分析吉林省的农业科技优势，有选择地吸收国内外科技知识产权保护规则。建立健全农业科技知识产权保护法律法规体系，为农业科技知识产权保护创造良好的外部环境，营造知识产权保护的法律氛围。

此外，各级政府部门还应该进一步加大财政支农政策、税收优惠政策、农业投资政策、科技贷款、科技保险、科技奖励等更多政策和措施落实力度。政府部门应研究更有效的政策供给，推动各项优惠政策措施落地生根，从而促进农业科技创新的进展。

参 考 文 献

柏宗春，孟洪，李梦涵，等 . 国内外农业科技成果转化模式及现状分析［J］. 江苏农业科学，2020（12）：302-306.

毕琳，赵瑞君 . 黑龙江省科研院所科技自主创新能力的评价与实证研究［J］. 哈尔滨工程大学学报，2008，29（11）：1241-1244.

常亮，罗剑朝 . 农业园区科技创新能力影响因素分析［J］. 北方园艺，2019（5）：186-193.

曹博，赵芝俊 . 基于供给侧结构性改革的农业科技创新体系研究［J］. 科技管理研究，2017，37（17）：36-41.

曹金梅 . 新修订《中华人民共和国农民专业合作社法》的亮点解读及认识［J］. 农业科技与信息，2019（22）：122-124.

陈会英，于永德，陆海霞，等 . 山东省农产品加工企业技术创新实证研究［J］. 中国科技论坛，2008（10）：116-120.

陈俐慧 . 吉林省科技特派员发展现状及对策研究［J］. 农业与技术，2017，37（19）：182-184.

陈莎莎 . 浙江省中小企业技术创新路径研究［D］. 杭州：浙江工业大学，2009.

陈诗波，李伟 . 高校新农村研究院：科技支撑乡村振兴的有效载体［J］. 中国农业资源与区划，2018，39（8）：54-59.

陈晓琳 . 农林高校科研投入、产出及绩效分析［J］. 中国科技论坛，2015（6）：142-147.

陈越，于润 . 中小微企业创新的政府扶持研究——基于江苏 4980 家中小微企业数据的实证分析［J］. 经济体制改革，2019（4）：109-117.

陈云霄 . 杨凌示范区涉农企业技术创新模式研究［D］. 杨凌：西北农林科技大学，2009.

陈云，谭淳方，俞立 . 科技型中小企业技术创新能力评价指标体系研究［J］. 科技进步与对策，2012，29（2）：110-112.

程玉英，任爱华 . 农业科技成果转化存在的问题及对策研究［J］. 科技经济市场，2016（11）：8-9，71.

代洪娟，白一光，庄重，等 . 加速农业科研院所科技成果转化的途径探讨——以阜花系列花生新品种转化为例［J］. 农业科技管理，2010，29（4）：83-85.

代明，殷仪金，戴谢尔 . 创新理论：1912—2012——纪念熊彼特《经济发展理论》首版 100 周年［J］. 经济学动态，2012（4）：143-150.

党兴华，李全升 . 基于熵权改进 TOPSIS 的陕西国家级高新区创新发展能力评价［J］. 科技管理研究，2017，37（3）：75-83.

邓永超，吴新 . 协同创新：农业高校提升人才整体效能的新路径［J］. 广东农业科学，2013，40（3）：194-196，206.

董君. 农业产业特征和农村社会特征视角下的农业技术扩散约束机制——对曼斯菲尔德技术扩散理论的思考 [J]. 科技进步与对策, 2012 (10)：65-70.

段莉. 典型国家建设农业科技创新体系的经验借鉴 [J]. 科技管理研究, 2010, 30 (4)：23-28.

厄特巴克. 产业创新与技术扩散 [M]. 北京：商务印书馆, 1974.

傅家骥. 技术创新学 [M]. 北京：清华大学出版社, 1998.

高启杰. 农业科技企业技术创新能力及其影响因素的实证分析 [J]. 中国农村经济, 2008 (7)：32-38.

高启杰. 企业持续发展与技术创新能力评价理论研究 [J]. 经济纵横, 2008 (2)：92-94.

高霞, 高启杰. 农业龙头企业技术创新能力的评价及影响因素分析——以山东省为例 [J]. 中国农业大学学报（社会科学版）, 2008 (1)：161-167.

郭建强, 冯开文. 农业科技成果转化基本模式比较 [J]. 中国软科学, 2010 (8)：1-3.

郭建强, 高英, 冯开文. 国外农业科技成果转化模式比较与借鉴 [J]. 中国渔业经济, 2010, 28 (3)：76-80.

郭久荣. 突破农业高校科研成果转化难的主要创新途径——农业高校科技成果转化问题探讨（二）[J]. 科技管理研究, 2006 (3)：199-201, 211.

顾卫兵, 蒋丽丽, 袁春新, 等. 日本、荷兰农业科技创新体系典型经验对南通市的启示 [J]. 江苏农业科学, 2017, 45 (18)：307-313.

韩强. 农业高校协同创新：模式、问题与对策 [J]. 高等农业教育, 2013 (5)：15-19.

韩智慧. 新形势下我国农业科技创新体系构建的困境与路径 [J]. 农业经济, 2017 (10)：9-11.

何伟. 基于 DEA 方法的农业科技园区投入产出综合效益评价 [J]. 统计与决策, 2007 (24)：154-156.

何玲, 杨旭燕, 杨有俊, 等. 农业科技园区创新驱动发展途径 [J]. 农业科学研究, 2019, 40 (1)：58-61.

洪银兴. 论创新驱动经济发展战略 [J]. 经济学家, 2013 (1)：5-11.

黄俊. 对我国农业科技创新体系建设若干问题的思考——美国农业科技创新体系的启发与借鉴 [J]. 农业科技管理, 2011 (6).

霍明, 周玉玺, 柴婧, 等. 基于 AHP-TOPSIS 与障碍度模型的国家农业科技园区综合创新能力评价与制约因素研究——华东地区 42 家园区的调查数据 [J]. 科技管理研究, 2018, 38 (17)：54-60.

贾敬敦, 赵红光, 王振林, 等. 国家农业科技园区创新能力评价报告 2015 [N]. 科技日报, 2017-02-03 (007).

姜长云, 杜志雄. 关于推进农业供给侧结构性改革的思考 [J]. 南京农业大学学报（社会科学版）, 2017 (1)：1-10.

蒋大华, 陈俐, 姜海, 等. 我国农业高校自主创新能力建设研究——基于 863 计划实施的分析 [J]. 中国农业教育, 2016 (4)：67-71, 77.

蒋和平，刘学瑜．我国农业科技创新体系研究评述［J］．中国农业科技导报，2014，16（4）：1-9.

吉林省农业产业化办公室．2019年吉林省农业产业化发展情况报告［R］．2019.

金雪婷，赵闰，肖体琼，等．新形势下农业科技成果转化人才激励机制研究——以某农业机械化研究所为例［J］．中国农机化学报，2020，41（3）：231-236.

雷玲，陈悦．杨凌农业科技示范园区综合创新能力评价［J］．中国农业资源与区划，2018，39（8）：211-217.

李峰，潘晓华，刘寿发．加强高等农业院校科研机构创新能力的对策［J］．安徽农业科学，2008（4）：1636-1637，1643.

李光普，刘晓琳．农业科研院所在科技成果转化中存在的问题及成因浅析［J］．农业科技管理，2004（4）：46-49.

李海超，杨杨．高新技术企业自主创新实现路径研究［J］．企业经济，2016（8）：32-38.

李鸿飞．河北省农业龙头企业技术创新模式研究［D］．保定：河北农业大学，2018.

李佳．农业科技成果转化的现实矛盾和对策研究［J］．河南农业科学，2013，42（8）：191-193.

李佳佳．基于产业集群的安徽省农产品加工企业技术创新能力研究［D］．合肥：安徽农业大学，2013.

李建华．借鉴国外农技推广模式促进我国农业科技推广［J］．农业科技管理，2012，31（3）：60-63.

李金龙，修长柏．农业科技特派员制度的国际借鉴研究［J］．科学管理研究，2015，33（5）：91-95.

李萍．农业科技企业技术创新能力形成机理及路径选择研究［D］．北京：中国农业大学，2016.

李然，张哲婧．河北省农业科技园区指标体系综合评价研究［J］．中国农业资源与区划，2018，39（1）：225-230.

李晓萍，霍明，徐宣国，等．基于CPM和Moran's I指数的国家农业科技园区创新能力评价与空间格局研究——160家国家农业科技园区的创新能力监测数据［J］．世界农业，2020（9）：47-55，73.

李艳军，杨光圣．农业科技产业与科研互动的一条有效途径——对高校农业科技人员兴办科技产业的思考［J］．科技进步与对策，2000（6）：33-34.

李玥，郭航，张雨婷．知识整合视角下高端装备制造企业技术创新能力提升路径研究［J］．科学管理研究，2018，36（1）：34-37.

梁巧，董涵．从国内外农民合作社相关研究看我国农民合作社发展问题——基于对2015—2018年相关文献的梳理［J］．农业经济问题，2019（12）：86-98.

林青宁，毛世平．中国农业科技成果转化研究进展［J］．中国农业科技导报，2018，20（4）：1-11.

林青宁，毛世平．协同创新模式与农业科研院所创新能力：研发禀赋结构的双门槛效应

［J］．研究与发展管理，2018，30（6）：84-92.

林青宁，毛世平．高校科技成果转化效率研究［J］．中国科技论坛，2019（5）：144-151，162.

林青宁，孙立新，毛世平．协同创新对中国农业科研院所创新产出影响研究——基于研发禀赋结构的双门槛效应［J］．农业技术经济，2018（7）：71-79.

林青宁，温焜，毛世平．创新模式对农业科研院所研发效率的影响［J］．科技进步与对策，2018，35（12）：64-68.

刘畅，孙自愿．后发企业提高自主创新能力的路径研究——以恒瑞医药为例［J］．科技管理研究，2016，36（23）：151-158，179.

刘迟，陈展鹏．黄冈市农业科研院所成果转化问题研究［J］．湖北农业科学，2012，51（7）：1497-1499.

刘建波．吉林省农产品加工企业技术创新路径研究［D］．长春：吉林农业大学，2019.

刘丽红，李瑾．我国农业科技园区综合创新能力评价指标及模型研究［J］．江苏农业科学，2015，43（8）：451-453.

刘伟，王宏伟，技术创新影响因素的区域差异：以中国 30 个省份为例的研究［J］．数学的实践与认识，2011，6（11）：31-43.

刘小燕，宋轶文，姚远．从创新扩散理论看《农学报》中农学知识及农业科技的推广［J］．河北农业大学学报（农林教育版），2010，12（4）：572-575，583.

刘志彪．从后发到先发：关于实施创新驱动战略的理论思考［J］．产业经济研究，2011（4）：1-7.

刘燕群，宋启道，谢龙莲．德国农业社会化服务体系研究［J］．热带农业科学，2017，37（12）：119-122.

刘英杰，李雪．德国农业科技创新政策特点及其启示［J］．世界农业，2014（12）：1-3，6.

龙文琪．政府补贴、技术创新能力对农业上市企业绩效的影响研究［D］．南昌：江西财经大学，2020.

陆建中，李思经．农业科研机构自主创新能力评价指标体系研究［J］．中国农业科技导报，2011，13（4）：1-6.

陆菊春，韩国文．企业技术创新能力评价的密切值法模型［J］．科研管理，2002（1）：54-57.

吕火明，李晓，刘宗敏，等．农业科技创新能力建设研究［M］．北京：中国农业出版社，2011.

迈克尔·波特．竞争战略［M］．陈小悦，译．北京：华夏出版社，1997.

迈克尔·波特．国家竞争优势（中文版）［M］．北京：华夏出版社，2002.

E. M. 罗杰斯．创新的扩散［M］．5 版．唐兴通，郑常青，张延臣，译．北京：电子工业出版社，2016.

兰斯·戴维斯，道格拉斯·诺思．制度变迁与美国经济增长．张志华，译．上海：上海人民出版社，2018.

约瑟夫·熊彼特. 经济发展理论［M］. 何畏，易家详，译. 北京：商务印书馆，1990.

孟莉娟. 美国、法国、日本农业科技推广模式及其经验借鉴［J］. 世界农业，2016（2）：
　　138-141，151.

潘泉. 吉林省农业技术创新成果转化问题研究［D］. 长春：吉林大学，2017.

彭竞，孙承志. 供给侧改革下的农业科技园区综合创新能力测评研究［J］. 财经问题研
　　究，2017（8）：84-89.

彭玉冰，白国红. 谈企业技术创新与政府行为［J］. 经济问题，1999（7）：35-36.

皮芳辉，卢曼萍. 高等农业院校协同创新与高校职能的契合［J］. 高等农业教育，2013
　　（10）：14-16.

邱泠坪，郭明顺，张艳，等. 基于 DEA 和 Malmquist 的高等农业院校科研效率评价［J］.
　　现代教育管理，2017（2）：50-55.

任保平，郭晗. 经济发展方式转变的创新驱动机制［J］. 学术研究，2013（2）：69-75.

单娟，董国位. 新兴市场后发企业逆向创新路径研究——来自华为公司的案例分析［J］.
　　科技进步与对策，2017，34（2）：87-93.

单玉丽. 农业科技创新体系及运行机制的探索［J］. 福建农业科技，2004（3）：45-48.

沈云亭. 以色列农业发展经验及对我国农业现代化的启示［J］. 农村·农业·农民（B
　　版），2019（3）：33-37.

申秀清，修长柏. 借鉴国外经验发展我国农业科技园区［J］. 现代经济探讨，2012（11）：
　　78-81.

舒坤良，杨宁，孙旭，等. 科技创新推进吉林省农业现代化的思路与对策［J］. 东北农业
　　科学，2018，43（6）：44-48.

桑晓靖. 农业高新技术企业技术创新模式及评价［J］. 改革与战略，2008（7）：79-81.

桑玉昆. 农业高校产学研结合模式的研究［D］. 南京：南京农业大学，2009.

宋俊超. 企业技术创新的影响因素及应对方略［J］. 沿海企业与科技，2007（1）：25-27.

宋燕平. 农业高校中技术创新问题分析［J］. 研究与发展管理，2004（2）：71-74.

孙丽娜. 以色列创新体系的内涵与启示［N］. 中国社会科学报，2017-06-19（007）.

田兴国，蒋艳萍，吕建秋. 协同创新是农业高校科技创新能力提升的最有效途径［J］. 农
　　业科技管理，2013，32（1）：57-59.

王博，魏阙，刘凯，等. 吉林省科技创新政策体系建设研究［J］. 科技经济市场，2019
　　（6）：113-114.

王桂朵. 国外农业科技园区有何发展特色［J］. 人民论坛，2017（31）：200-201.

王宏杰. 美日欧农业科技自主创新政策的演变历程及启示［J］. 安徽农业科学，2018，46
　　（19）：208-213，221.

王俊凤，刘松洁，闫文，等. 基于 DEA 模型的农业科技园区运营效率评价——以黑龙江省
　　34 个省级农业科技园区为例［J］. 江苏农业科学，2017，45（4）：262-267.

王力. 乡村振兴视域下我国农业技术创新研究——基于熊彼特创新理论框架［J］. 现代农

业科技，2019（9）：220-221.

王生龙，霍学喜．农产品加工企业技术创新研究［J］．生产力研究，2012（4）：45-47，261.

王思民．加快农业科技创新的重点领域与政策思路［J］．农业经济，2017（11）：3-4.

王维薇，李平．提升湖北省现代农业科技体系协同创新绩效的对策建议［J］．决策与信息，2018（12）：114-118.

王向南．农业科技创新体系建设协同性问题研究——吉林省的实证分析［J］．吉林工程技术师范学院学报，2017，33（12）：71-74.

王向南．吉林省农业科技创新动力机制探究［J］．产业与科技论坛，2019，18（14）：211-212.

王雅鹏，吕明，范俊楠，等．我国现代农业科技创新体系构建：特征、现实困境与优化路径［J］．农业现代化研究，2015，36（2）：161-167.

王珍珍，黎青青，鲍星华．创新创业生态系统下政府、高校、企业、社会的责任担当与协同发展——基于美、德、日三国的比较研究［J］．中国科技论坛，2019（9）：182-188.

卫平，张玲玉．不同的技术创新路径对产业结构的影响［J］．城市问题，2016（4）：52-59.

温兴琦．我国农业创新体系发展历程的回顾与思考［J］．学习月刊，2020（4）：16-21.

吴建寨，杨海成，李斐，等．发达国家农业科技创新体系及其经验借鉴［J］．世界农业，2016（9）：157-161，199.

吴和燊，林青宁，刘瀛弢，等．我国农业高校科技创新效率及影响因素研究［J］．黑龙江高教研究，2018，36（7）：59-64.

吴磊．我国农业科技成果转化的制约因素及对策分析［J］．改革与战略，2016，32（6）：81-84.

吴圣，吴永常，陈学渊．我国农业科技园区发展：阶段演变、面临问题和路径探讨［J］．中国农业科技导报，2019，21（12）：1-7.

吴素春，项喜章，刘虹．农业科技产学研合作博弈分析［J］．科技管理研究，2011，31（13）：179-182，172.

吴卫红，董诚，彭洁，等．美国促进科技成果转化的制度体系解析［J］．科技管理研究，2015，35（14）：16-20.

吴新．农业高校＋农业龙头企业：农业科技创新与推广的理想范式［J］．广东农业科学，2008（5）：116-119.

巫伟峰，万忠．广东省农业科技创新体系研究——基于2016年广东省农业科研数据［J］．南方农村，2019，35（5）：4-11，20.

夏岩磊，李丹．基于层次分析法的农业科技园创新能力评价——以安徽为例［J］．皖西学院学报，2017，33（5）：54-60.

项诚，毛世平．组织模式协同是否影响研究机构创新产出［J］．中国科技论坛，2019（12）：31-39.

肖蕊，赵荣荣，林秀梅．技术创新过程模型的比较分析［J］．价值工程，2014，33（24）：197-198.

肖娴，毛世平，孙传范，等．农业科技成果转化效率测度及分析［J］．中国科技论坛，2015（8）：139-144，149.

谢玲红，毛世平．中国涉农企业科技创新现状、影响因素与对策［J］．农业经济问题，2016，37（5）：87-96.

熊鹏，徐琳杰，焦悦，等．美国农业科技创新和推广体系建设的启示［J］．中国农业科技导报，2018（10）：15-20.

徐晓红，王洪丽，刘文明，等．吉林省基层农业技术推广体系调查与改革思路［J］．东北农业科学，2016，41（5）：102-106

徐向峰．提高农产品精深加工企业技术创新能力对策研究［J］．中国农村小康科技，2010（7）：16-17，77.

徐宏，张灿权，徐开诚，等．新形势下农业科研院所加强成果转化推广的对策探讨——以江西省农业科学院为例［J］．农业科技管理，2013，32（4）：66-68.

许玲，魏伶俐，赵涵，等．农业科研院所科研经费与科研产出的相关性——以江苏省农业科学院原农业生物技术研究所为例［J］．江苏农业科学，2017，45（17）：344-346.

薛晨霞，姜永平，袁春新，等．基于 DEA 的地市级农业科研院所 R&D 绩效分析——以江苏沿江地区农业科学研究所为例［J］．农业科技管理，2013，32（6）：25-27，45.

鄢平．广东产业创新路径选择及其实证检验［J］．工业技术经济，2010，29（3）：124-129.

杨传喜，徐顽强，张俊飚．农林高等院校科技资源配置效率研究［J］．科研管理，2013，34（4）：115-122.

杨建利，刑娇阳．我国农业供给侧结构性改革研究［J］．农业现代化研究，2016（4）：613-620.

杨梅，于美琳，王俊凤．黑龙江省省级农业科技园区综合评价——基于组合评价方法［J］．黑龙江畜牧兽医，2017（24）：245-250.

杨森，雷家骕．基于熊彼特创新周期理论的科技创新驱动经济增长景气机理研究［J］．经济学家，2019（6）：23-32.

杨艳丽，马红坤，王晓君，等．发达国家区域性农业科技创新中心的构建经验及对京津冀区域的启示［J］．中国农业科技导报，2019，21（11）：9-16.

杨勇福，骆艺，黄洁容，等．农业科研院所科技创新评价体系的构建——以广东省农业科学院为例［J］．科技管理研究，2020，40（13）：136-141.

杨双，许春艳，舒坤良，等．基于农户视角的吉林省农业技术推广评价［J］．吉林农业科学，2013，38（6）：78-81.

杨霞．提高农业高校自主创新能力的几点思考［J］．天津农业科学，2011，17（4）：104-107.

杨兴龙，张美琪，王薇．农业龙头企业技术创新模式分析——以吉林省 LT 公司为例［J］．

农村经济与科技，2018，29（3）：140-142.

杨兴龙，张越杰，张弛．农产品加工企业技术创新能力与影响因素分析——基于吉林省农产品加工业龙头企业的调查［J］．经济纵横，2019（3）：38-44.

姚昉．基于SNA的农业科技园区技术创新影响因素研究［D］．天津：天津工业大学，2016.

姚科艳，陈利根，刘珍珍．农户禀赋、政策因素及作物类型对秸秆还田技术采纳决策的影响［J］．农业技术经济，2018（12）：64-75.

姚应凌．铜陵国家农业科技园区三产联动促升级 科技引领助转型［J］．中国农村科技，2019（4）：64-66.

尹丽莎．国外农业科技园区建设的经验借鉴［J］．对外经贸实务，2017（4）：28-31.

余庆来，肖扬书．农业企业自主技术创新能力评价体系的构建与评价方法探索［J］．科技管理研究，2011，31（13）：52-55.

岳福菊．农业科技成果转化制约因素及转化模式研究［D］．北京：中国农业科学院，2012.

张连刚，陈卓，李娅，等．农民合作社研究的多维度特征与发展态势分析——基于1992—2019年国家社科和自科基金项目的实证研究［J］．中国农村观察，2020（1）：126-140.

张美玲．高校与企业、科研院所协同创新的现状及风险防范［J］．中国高校科技，2017（10）：29-31.

张妙燕．科技园区综合创新能力的评价指标体系及其应用［J］．技术经济与管理研究，2009（2）：43-45.

张倩，姚平．波特假说框架下环境规制对企业技术创新路径及动态演化的影响［J］．工业技术经济，2018，37（8）：52-59.

张琼琼．基于特色分析的行业技术创新路径选择研究［J］．现代商贸工业，2011，23（9）：15-16.

张胜男．中小企业技术创新模式选择模型研究［D］．杭州：浙江师范大学，2014.

张树满，原长弘，徐海龙．转制科研院所如何加速科技成果转化？［J］．科学学研究，2018，36（8）：1366-1374.

张天从，黄静晗．农民参与式技术创新的理论与实践研究［J］．福建论坛（人文社会科学版），2012（4）：39-43.

张煜晗，裴莉，徐勇，等．吉林省农业科技创新存在的问题及对策分析［J］．农业与技术，2018，38（21）：70-71.

张志强，陈云伟．建设适应经济社会发展趋势的科技创新体系［J］．中国科学院院刊，2020，35（5）：534-544.

张中熙．吉林省农业科技成果转化问题研究［D］．长春：吉林大学，2016.

翟金良．中国农业科技成果转化的特点、存在的问题与发展对策［J］．中国科学院院刊，2015，30（3）：378-385.

翟琳，王晶，徐明，等．荷兰农业科技体制演变及对我国的启示［J］．农业科技管理，

2017，36（2）：25-27，86.

翟治芬，周新群，张建华，等．发达国家农业科技化发展的经验与启示［J］．世界农业，2015（10）：149-153.

赵安东．农业科技成果转化的特点、问题与发展对策［J］．产业与科技论坛，2018（17）：6-7.

赵蕾，林连升，杨宁生，等．综合评价方法在中国水产科学研究院科技成果转化率研究中的应用构想［J］．科技管理研究，2011（6）：43-45.

赵蕾，刘建伟，杨子江，等．基于模糊综合评价法的渔业科技成果转化率测算研究——以某水产科研院所为例［J］．中国渔业经济，2012（5）：76-84.

赵倩倩．杨凌农业企业技术创新能力评价研究［D］．杨凌：西北农林科技大学，2011.

赵庆惠．发达国家农业科技成果转化资金特点及转化模式分析［J］．世界农业，2010（8）：1-3.

钟春艳，张斌．德国农业农村科研管理及创新政策［J］．科学管理研究，2019，37（6）：171-176.

钟甫宁，孙江明．农业科技示范园区评价指标体系的设立［J］．农业开发与装备，2007（1）：21-27.

郑宝华，王志华，刘晓秋．农业科技园区创新环境对创新绩效影响的实证研究［J］．农业技术经济，2014（12）：103-109.

郑烨．创新驱动发展战略与科技创新支撑：概念辨析、关系厘清与实现路径［J］．经济问题探索，2017（12）：163-170

周华强，邹弈星，刘长柱，等．农业科技园区评价指标体系创新研究：功能视角［J］．科技进步与对策，2018，35（6）：140-148.

周康，杨芳，马卓．供给侧改革背景下吉林省科技创新管理服务平台的建设［J］．中国管理信息化，2019，22（19）：173-175.

周蓉．国家农业科技园区创新能力评价：创新态势现增长活力［J］．中国农村科技，2016（5）：54-57.

周晓光．农林高校推进农业科技创新的路径探究［J］．教育与职业，2013（27）：39-41.

周艳榕，江旭．技术创新理论研究综述［C］．第7届全国青年管理科学与系统科学学术会议论文集，2003.

周杨．吉林省农业科技成果转化制约因素研究［D］．长春：吉林农业大学，2018.

中国科技发展战略研究小组，中国科学院大学中国创新创业管理研究中心．中国区域创新能力评价报告2018［M］．北京：科学技术文献出版社，2018.

中国农村技术开发中心．国家农业科技园区创新能力评价报告2014［M］．北京：科学技术文献出版社，2014.

李兰，张泰，等．新常态下的企业创新：现状、问题与对策——2015中国企业家成长与发展专题调查报告［J］．管理世界，2015（6）：22-33.

朱建民，朱彬．企业破坏性创新影响因素及路径选择研究［J］．科技进步与对策，2015，

32 (13)：88-94.

朱萌，张兴中，沈祥成，等．农户农业技术采用行为研究综述 ［J］．中国农业大学学报，2017，22 (11)：224-234.

朱卫鸿．农业企业技术创新能力探析 ［J］．农业经济，2007 (6)：46-48.

曾翠红．农业产业化龙头企业技术创新能力评价研究 ［D］．合肥：安徽农业大学，2011.

Abernathy N，Utterback J M. Patterns of industrial innovation ［J］. Technology Review，1978 (7)：40-47.

Acs Z J，Anselin L，Varga A. Patents and innovation counts as measures of regional production of new knowledge ［J］. Research Policy，2002，31 (7)：1069-1085.

Anderson P，Tushman ML. Technological discontinuities and dominant designs：A cyclical model of technological change ［J］. Administrative Science Quarterly，1990，35 (4)：604-633.

Arundel A，Bordoy C，Kanerva M. Neglected innovators how do innovative firms that do not perform R&D innovate ［R］. Brussels：European Conunission，2008：1-15.

Aylen. Open versus closed innovation：Development of the wide strip mill for steel in the United States during the 1920s ［J］. R&D Management，2010，40 (1)：67-80.

Broekel T，Buerger M，Brenner T. An Investigation of the relation between cooperation and the innovative success of German regions ［R］. Paper in Evolutionary Economic Geography，Utrecht University，2010.

Carolyn Shaw Solo. Innovation in the capitalist process：A critique of the Schumpeterian theory ［J］. The Quarterly Journal of Economics，1951，65 (3)：417-428.

Cooke P. Regional innovation systems，clusters and the knowledge economy ［J］. Ind Corp Change，2001，10 (4)：945-974.

Cooke. Creativity and innovation through multidisciplinary and multicultural cooperation ［J］. Creativity and Innovation Management，2007 (3)：27-34.

Doloreux D，Parto S. Regional innovation systems：Current discourse and unresolved issues ［J］. Technology in Society，2005，27 (2)：133-153.

Dosi G. Technological paradigms and technological trajectories：Suggested interpretation of the determinants and directions of technical ［J］. Research Policy，1982，11 (3)：147-162.

Dosi G. Sources，procedures and microeconomic effects of innovation ［J］. Journal of Economic Literature，1988，26 (3)：1120-1171.

Dosi G. Opportunities，incentives and the collective patterns of technological change ［J］. The Economic Journal，1997，107 (444)：1530-1547.

Dosi，Teece D J，Chytrt J. Technology Organization and Competitiveness：Perspectives on Industrial and Corporate Change ［M］. Oxford University Press，1998.

Eponou，T. Integrating agricultural research and technology transfer ［J］. Public

Administration and Development, 1993, 13 (3): 307-318.

Esteve Almirall. Open versus closed innovation: A model of discovery and divergence [J]. Academy of Management Review (AMR), 2010, 35 (1): 27-47.

Evangelista R, S Iammarino V, Mastrostefano A. Silvani, Measuring the regional dimension ofinnovation: Lessons from the Italian innovation survey [J]. Technovation, 2001 (21): 733-745.

Feldman M P, Audretsch D B. Innovation in cities: Science-based diversity, specialization and localized competition [J]. European Economic Review, 1999, 43 (2): 409-429.

Foss N J. Higher-order industrial cap abilities and competitive advantage [J]. Industry Studies, 1996, 3 (1): 1-2.

Freeman C. Technology Policy and Economic Performance: Lessons from Japan [M]. Pinter Publishers, 1987.

Fritsch M. Measuring the quality of regional innovation systems: A knowledge production function approach [J]. International Regional Science Review, 2002, 25 (1): 86-101.

Fritsch M, Franke G. Innovation, regional knowledge spillovers and R&D cooperation [J]. Research Policy, 2004 (33): 77-90.

Furman J L, Porter M E, Stern S. The determinants of national innovative capacity [J]. Research Policy, 2002, 31 (6): 899-933.

G Lynn. Knowledge managerment in new product teams: Practices and outcomes [J]. IEEE Transaction on Engineering Management, 2000, 47 (2): 221-231.

Goletti F, Pinners E, Purcell T. Integrating and institutionalizing lessons learned: Reorganizing agricultural research and extension [J]. Journal of Agricultural Education and Extension, 2007, 13 (3): 227-244.

Griliches Z. Patent statistics as economic indicators: A survey [J]. Journal of Economic Literature, 1990 (92): 1661-1707.

Greunz L. If regions could choose their neighbors: Apanel data analysis of knowledge spillovers between European regions [J]. Cahiers Economiques de Bruxelles, 2001 (1): 63-84.

Hagedoorn Cloodt. Measuring innovative performance: Is there an advantage in using multiple indicators [J]. Research Policy, 2003, 32 (8): 1365-1379.

Hausman J, B Hall, Z Grilliches. Econometric Models for Count Data with an application to the patents R&D relationship [J]. Econometrica, 1984, 52 (4): 909-938.

Hoffmann V, Probst K, Christinck A. Farmers and researchers how can collaborative advantages be created in participatory research and technology development? [J]. Agriculture and Human Values, 2007, 24 (3): 355-368.

Jaffe Adam B, Josh Lerner. Innovation and Its Discontents: How Our Broken Patent System Is Endangering Innovation and Progress, and What to Do About It [M]. Princeton

University Press, 2004.

Kim L. Imitation to Innovation: The Dynamics of Korean Technological Learning [M]. Harvard Business School Press, 1997.

Lundvall B A. National Systems of Innovation: Towards a Theory of Innoation and Interactive Learning [M]. Pinter, London, 1992.

Mansfield. Patents and innovation: An empirical study [J]. Management Science, 1986, 27 (7): 78-79.

Mikel B, Joost H, Thomas B. Regional systems of innovation and the knowledge production functionahe spanish case [J]. Technovation, 2006, 26 (4): 463-472.

Nelson & Winter. An Evolutionay Theory of Economic Change [M]. Harvard University Press, 1982.

Nelson R R. National Systems of Innovation: A Comparative Study [M]. Oxford University Press, 1993.

Odagiri H. Transaction costs and capabilities as determinants of the R&D boundaries of the firm: A case study of the ten largest pharmaceutical firms in Japan [J]. Managerial and Decision Economics, 2003 (24): 187-211.

Pakes A, Z Griliches. Patents and R&D at the firm level: A first report [J]. Economic Letters, 1980 (5): 377-381.

P Herzog. Open and closed innovation different innovation cultures for different strategies [J]. International Journal of Technology Management, 2010, 52 (3): 322-343.

Riddel M, Schwer R K. Regional innovative capacity with endogenous employment: Empirical evidence from the U.S. [J]. The Review of Regional Studies, 2003, 33 (1): 73-84.

Rogers E. Diffusion of Innovation, 4th, ed. [M]. New York: The Free Press, 1995.

Rostow W W. The Stages of Economic Growth: A Non-communist Manifesto [M]. Cambridge University Press, 1961.

SamuelKortum, Josh Lerner. Assessing the contribution of venture capital to innovation [J]. RandJoumal of Economics, 2000 (31): 674-692.

Schumpeter J. The Theory of Economic Development [M]. Harvard University Press, 1934.

Schumpeter, J. Business cycles [M]. McGraw-Hill, 1939.

Schwartz D, Malach-Pines, A. High technology entrepreneurs versus small business owners in Israel [J]. Journal of Entrepreneurship, 2007, 16 (1): 1-17.

Sof Thrane, Steen Blaabjerg, Rasmus Hannemann Moller. Innovative path dependence: Making sense of product and service innovation in path dependent innovation processes [J]. Research Policy, 2010, 31 (6): 11-12.

Squez-Urriago A R V, Barge-Gil A, Rico A M. The impact of science and technology parks on firms product innovation: Empirical Evidence From Spain [J]. Journal of Evolutionary Economics, 2014, 24 (4): 835-873.

Sweezy P M. Professor Schumpeter's theory of innovation ［J］. The Review of Economics and Statistics, 1943, 25 (1): 93-96.

Tura T, Harmaakorpi V. Social capital in building regional innovative capability ［J］. Regional Studies, 2005, 39 (8): 1111-1125.

Wydra S. Challenges for technology diffusion policy to achieve socio-economic goals ［J］. Technology in Society, 2015 (41): 76-90.